精通 FANUC 机器人编程、维护与外围集成

李志谦　编著

机 械 工 业 出 版 社

本书分为四部分：第一部分着重介绍FANUC机器人仿真软件的使用、编程指令、坐标的建立、示教器的使用，让读者对FANUC机器人有全面认识；第二部分通过典型项目深入学习编程指令的应用，包括程序算法的设计、典型焊接工作站的系统集成和编程；第三部分为机器人信号的配置、故障排除、电气维护；第四部分通过综合性的机器人工作站系统集成项目让读者学会机器人外围集成，学会如何利用"立体编程"思维实现多向的机器人集成项目。

书中的学习项目和案例来源于机器人典型工作领域的实践应用，注重举一反三的方法总结。

本书可作为大中专学校工业机器人专业教材，也可以作为工程技术人员学习FANUC机器人技术的参考书。

本书配有操作过程的学习微课，读者可用手机或计算机登录以下微博地址观看：https://weibo.com/u/1242655873。

图书在版编目（CIP）数据

精通 FANUC 机器人编程、维护与外围集成 / 李志谦编著 .
—北京：机械工业出版社，2019.12（2024.7 重印）
ISBN 978-7-111-64054-7

Ⅰ.①精…　Ⅱ.①李…　Ⅲ.①工业机器人—程序设计
Ⅳ.① TP242.2

中国版本图书馆 CIP 数据核字（2019）第 230389 号

机械工业出版社（北京市百万庄大街 22 号　邮政编码 100037）
策划编辑：刘星宁　　责任编辑：刘星宁
责任校对：王　欣　　封面设计：马精明
责任印制：郜　敏
中煤（北京）印务有限公司印刷
2024 年 7 月第 1 版第 4 次印刷
184mm×260mm ·14 印张 ·334 千字
标准书号：ISBN 978-7-111-64054-7
定价：59.00 元

电话服务　　　　　　　网络服务
客服电话：010-88361066　机 工 官 网：www.cmpbook.com
　　　　　010-88379833　机 工 官 博：weibo.com/cmp1952
　　　　　010-68326294　金 书 网：www.golden-book.com
封底无防伪标均为盗版　机工教育服务网：www.cmpedu.com

前言
PREFACE

在工业 4.0 席卷全球、落实《中国制造 2025》规划的今天，智能制造、机器换人已成为新技术革命的前沿。工业机器人的普及代替原来繁重、危险、重复的人力劳动，让生产效率大大提高。目前进行技术改革，提高自动化程度，加大各类机器人的投入已成为汽车生产行业、3C 行业、陶瓷行业、五金行业获得技术及成本竞争力的关键。新技术的推进，让工业机器人专业在各层次的学校应运而生，掌握工业机器人技术是新时期自动化技术人员的必备技能之一。

世界机器人四大公司 ABB、FANUC、KUKA、YASKAWA 以其核心部件的精度在全球市场上占有绝对优势，近年来我国自主研发的机器人如沈阳新松机器人、安徽埃夫特机器人、南京埃斯顿机器人、华数机器人、广数机器人等在国内不断普及，我国自主品牌的机器人在我国机器人市场占据的地位越来越重要。

对于机器人的学习者和技术员来说，学习一款机器人后对自学其他机器人应能触类旁通，在各大机器人品牌中 FANUC 机器人的编程、示教、使用规范是最细致的，学习 FANUC 机器人编程后自学其他品牌的机器人会变得轻松。本书由浅入深，从项目入手，引导初学者在动手的过程中理解机器人的基本工作原理和应用时涉及的概念，用最低的成本掌握机器人技术。本书分为四部分：第一部分着重讲解 FANUC 机器人使用时涉及的软硬件概念，利用仿真软件建立工作环境，让读者对 FANUC 机器人有全面认识；第二部分通过项目训练编程指令的应用，聚焦程序算法的设计，讲述如何最快、最低成本学会机器人编程；第三部分详细分析机器人使用过程中的常见问题、故障排除，每个问题阐明解决步骤；第四部分通过典型的机器人工作站系统集成项目让读者明确机器人外围集成的方法，如何利用"立体编程"思维实现多向的机器人系统集成。

作者根据多年使用经验，在各章节归纳了各款机器人操作过程的异同点，为读者在学习其他品牌机器人的过程中提供了知识迁移的思路。当前的机器人技术应用是融合传感器、夹具、液压与气动、PLC、工业网络、人机界面的机电一体化综合技术，机器人专业人才需要有扎实的专业基础和开阔的技术视野，不断更新技术知识，本书所涉及的项目均是实际生产项目的提炼，读者可以从中了解到机器人在生产应用中的施工工艺和要求。

由于作者水平有限，书中难免有错误之处，恳请广大读者批评指正，读者可通过邮箱 xzunion@21cn.com 与作者进行交流。本书配有相关学习微课，读者可用手机或计算机登录以下微博地址观看：https://weibo.com/u/1242655873。

作 者

目录
CONTENTS
▼

工业机器人作为一个机电一体化设备应用于自动化生产，实际上是精确伺服控制的应用，随着工业 4.0 在全球的兴起，工业机器人除由原来代替人类进行动作外，还通过三维视觉、智能算法、基座移动等技术向人类行为模仿和靠近，让机器人更加智能化。工业机器人最先应用于焊接领域，当前应用最广的也是焊接领域，后来逐渐延伸到搬运、打磨、雕刻、喷涂、码垛等领域。

本部分从全面认识机器人的功能、应用、结构开始，了解如何通过示教器与工业机器人进行"对话"，区分机器人的各种工作坐标和使用技巧，初步认识 FANUC 机器人的编程指令。在本部分中，读者可以通过 FANUC 机器人仿真软件 Roboguide 进行计算机操作，直观感受 FANUC 机器人坐标、定点、示教、编程等技术。

项目一　认识工业机器人的参数和应用领域

任务一　认识工业机器人的结构和参数

顾名思义，工业机器人不是真正的"人"，它是一台机器，它一般只会重复劳动，无需"眼睛"和"脚"，只是后来智能化生产的要求不断提高，给工业机器人增加了"眼"——传感器和"脚"——运动的履带，让机器人越来越向人的行为靠近。国际标准化组织（ISO）对工业机器人的定义如下：工业机器人是一种能自动控制，可重复编程，多功能、多自由度的操作机，能搬运材料、工件或操持工具来完成各种作业。工业机器人具有以下显著特点：

1）仿人化：机器人具有特定的机械结构，它的动作与人的肢体或器官类似，例如手臂；

2）通用性：可以反复改变程序，实现不同的任务要求；

3）智能化：通过算法，让机器人具备记忆、分析、推理、决策、学习等功能；

4）独立性：能自动工作，在运行过程完成工作任务的过程中不依赖人的帮助。

一、工业机器人的类型

根据机器人的机械结构，可以将工业机器人分为直角坐标机器人、柱面坐标机器人、球面坐标机器人、关节型机器人。本书以 FANUC 六关节机器人为主介绍机器人的应用技术。

图 1-1 列出了当前常用的坐标类机器人类型，直角坐标机器人在空间上有多个垂直移动轴，其结构简单，控制算法容易编写，定位精度高，但动作范围小，负载有限；柱面坐标机器人的结构主要由旋转基座、垂直移动轴、水平移动轴组成，它的运动空间是由回转和两个平移自由度组成的圆柱形，柱面坐标机器人结构简单，运动精度高，但轴线

方向的移动空间利用率低；球面坐标机器人的运动空间由旋转、摆动、平移三个自由度组成球面的一个部分。

图 1-2 所示是工业 4.0 下应用广泛的三类关节型机器人，其中四关节机器人又叫串联机器人，它能够在两个水平面上旋转和一个垂直面上移动，动作速度快，线性度好，是二维平面搬运的首选；六关节机器人又叫六轴机器人，它仿照人的关节进行运动，具有六个自由度，运动空间大，柔性好，是焊接、雕刻、喷涂等领域的首选；并联机器人俗称"蜘蛛手"，它由多台伺服电动机组合实现快速移动，运动路径短，定点范围大，是快速加工和分拣的新型机器人。

a）直角坐标机器人

b）柱面坐标机器人

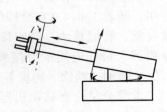
c）球面坐标机器人

图 1-1　坐标型机器人

a）爱普生四关节机器人

b）六关节机器人

c）并联机器人

图 1-2　关节型机器人

二、六轴机器人的主要结构

FANUC 六轴工业机器人与其他牌子的机器人一样，主要由机器人本体、控制柜、示教器组成。如图 1-3 所示，机器人本体一般安装在底座上，控制柜与机器人本体分离，示教器是与控制柜内控制系统进行交互的一个人机界面。

机器人本体是机器人的机械主体和执行部分，它由机械臂、驱动装置、传动单元、编码器等组成。机器人末端手臂是一个法兰盘，在上面可以安装不同的夹具（如吸盘、气动手爪、焊枪、电动刻刀）让机器人完成不同的加工任务。机器人的底座（基座）一般出厂后由企业根据机器人的工作环境定制，它用于固定机器人本体，要求具有一定的防振功能。机器人除了可以安装在地面外，还可以根据需要吊装和安装在墙壁上。

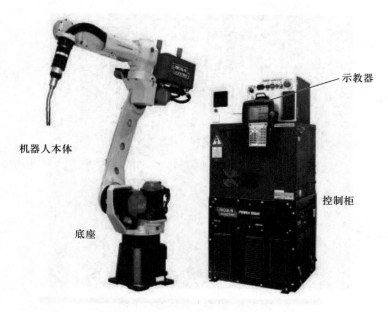

图 1-3 六轴机器人的组成部分

机器人的机械传动单元实际上是减速器，而减速器是整个机器人产业链的三大核心零部件（伺服电动机、减速器、控制系统）之一。关节型机器人上的减速器主要为 RV 减速器和谐波减速器。精密减速器决定了机器人工作的精度和寿命，当前机器人减速器的生产主要被日本 Nabtesco、Harmonica 两家企业垄断，我国目前还无法生产与国际接轨的精密减速器。

机器人的控制柜集成的是机器人的电气控制系统，它是机器人的"大脑"和"心脏"，指挥着机器人的运行。机器人的控制柜一般包含以下功能：

1）机器人的 I/O 接口：机器人本体的运行信息和机器人与外围设备连接的端口；

2）控制系统：机器人的操作系统和软件系统集成在控制柜内，机器人的动作记忆、示教、坐标标定、故障诊断等都由控制系统统一协调和处理；

3）安全保护：包括信号传入的短路保护和电压保护，控制柜设有多路的熔断机制。

示教器实际上是控制柜引出来的一个人机界面，是人命令机器人干活和观察机器人反馈信息的一个窗口，"示教"的含义是给机器人演示、教机器人干活，教会机器人后机器人就会不断重复去完成人们交给它的任务。教机器人干活实际就是对机器人编程，现场的机器人编程调试一般都是通过示教器进行的，用计算机直接编程导入并进行离线仿真是当前机器人快速编程的趋势。示教器由原来的按键操作到当前的彩屏触摸操作，为编程人员的使用带来了更大的便捷。

图 1-4 所示是六轴机器人六条轴的位置，机器人的默认工作坐标是以基座第一轴为参考的笛卡儿坐标。

机器人的每条轴都由一个伺服电动机控制，伺服电动机连着旋转编码器，将机器人的运动位置反馈给控制系统。不同机器人安装的伺服电动机位置是有区别的。

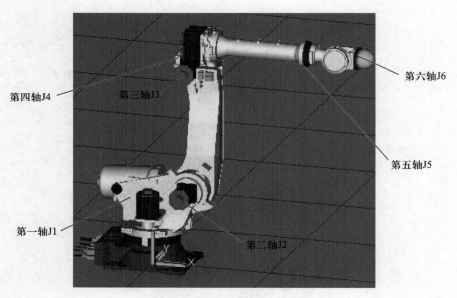

图 1-4　机器人具体的六条轴

三、读懂机器人的参数（技术指标）

机器人的技术参数反映了机器人的工作能力，企业根据生产要求对照不同品牌的机器人进行对比选择，因此学会看机器人的技术参数是机器人技术人员的一项基本技能。机器人的技术指标一般有自由度、承重量、工作精度、最大运转速度等。表 1-1 是 FANUC 机器人 M-10iA 的参数。

机器人的负载重量是第六轴法兰可以带的负载或工具的重量，一般此参数越大，机器人越贵。表 1-1 中所列动作范围和最大速度是"软"性的，可以通过示教器更改指定值，但要符合机器人安全工作范围。

表 1-1　FANUC 机器人 M-10iA 的参数

序号	项　　目		技术要求
1	安装方式		地面、倒吊、倾斜
2	自由度（控制轴）		6 轴
3	负载 /kg		≥ 3
4	J3 手臂最大负载 /kg		≥ 12
5	水平可达距离 /mm		≥ 1420
6	重复定位精度 /mm		± 0.08
7	主体重量 /kg		130
8	动作范围 /（°）	J1 轴（旋转）	240
		J2 轴（下臂）	250
		J3 轴（上臂）	455
		J4 轴（手腕旋转）	380
		J5 轴（手腕摆动）	280
		J6 轴（手腕回转）	720

（续）

序号	项 目		技术要求
9	最高速度 / [(°)/s]	J1 轴（旋转）	225
		J2 轴（下臂）	215
		J3 轴（上臂）	255
		J4 轴（手腕旋转）	425
		J5 轴（手腕旋转）	425
		J6 轴（手腕回转）	625
10	容许转矩 / (N·m)	J4 轴（手腕旋转）	8.92
		J5 轴（手腕摆动）	8.9
		J6 轴（手腕回转）	3.0
11	容许惯性转矩 / (kg·m²)	J4 轴（手腕旋转）	0.29
		J5 轴（手腕摆动）	0.29
		J6 轴（手腕回转）	0.035
12	控制柜	程序容量	SRAM 64MB/DRAM 3MB
		输入 / 输出	专用：23 输入，5 输出
			通用：28 输入，24 输出
			可扩展至类现场总线
		最多可控联动轴	最多可扩充 48 个
			可实现多机器人协作
		安装环境	使用温度：0~45℃
			存储温度：-20~60℃
			湿度：通常 <75%RH(不结露)，短期（1 个月以内）<95%RH(不结露)
		操作界面	中文界面
		输入电压	三相 AC 200 ~230V（在此基础上升高 10%~15%）50~60Hz
		功率 /kVA	2
		安全等级	IP54
		尺寸 /mm	402（W）×470（D）×400（H）
			可扩展 3 个外部轴
		扩展功能	带集成视觉接口，可扩展视觉功能
13	示教器	尺寸 /mm	185（W）×365（H）×50（D）
		安全开关	三模式安全开关
		电缆	10m
		显示	彩色液晶屏，触摸屏
			中 / 英文界面
		IP 等级	IP54
		手控盒可以调整运行模式，有起动、急停按钮，可通过手控盒进行模式更改，并直接控制机器人在线运行	
		集成站具有专用按钮，如命令调用按钮、插补模式按钮、起弧 / 熄弧按钮、点动送丝 / 退丝按钮，方便编程和调试	
		可进行多窗口显示；实时显示机器人位置、输入 / 输出等	
		具有直线、圆弧、S 曲线插补方式，满足复杂的曲线焊接	
		具有随机变速调试功能	
		具有运动程序平移、旋转、镜像等功能	

任务二 认识工业机器人的应用

图 1-5 列举了当前工业机器人的常用领域。随着工业 4.0 无人车间的兴起，机器人由原来的单机工作站向多机协作和柔性自动化加工方向发展。

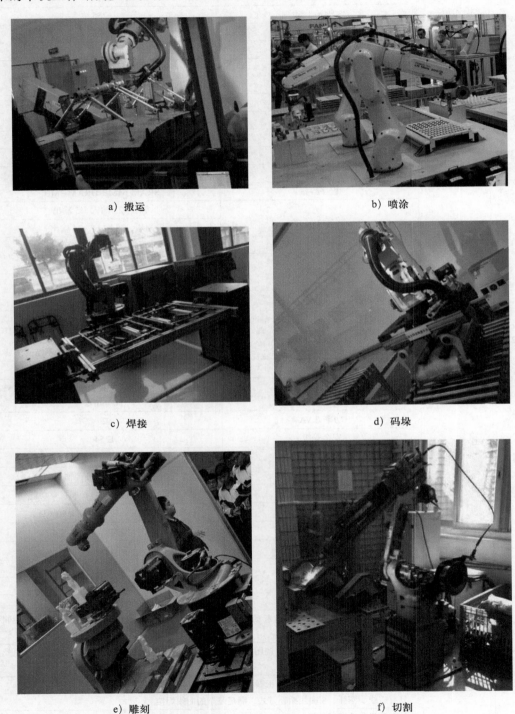

a）搬运

b）喷涂

c）焊接

d）码垛

e）雕刻

f）切割

图 1-5 工业机器人常用领域

我国工业机器人的缺口很大，世界各大机器人品牌纷纷抢占我国市场，在政府推动《中国制造2025》规划下，机器人的应用备受关注。图1-5反映了机器人应用的通用性，只有部分特种机器人有工作环境和参数特殊要求，一般通用的机器人可以用于各个工作领域。

一、机器人焊接

机器人焊接是机器人应用最早，也是当前应用最广泛的领域。焊接行业一直以来工作环境恶劣，工人劳动强度大，工人的工作状态和态度决定了产品的质量，一个复杂的工件焊缝不规则会影响质量，必须熟练使用焊枪才能完成工艺要求。机器人代替人工焊接，调整好机器人的焊接参数，让机器人不断重复劳动，保证产品工艺的统一是焊接领域离不开机器人的原因之一。

机器人的焊接根据介质不同可分为氩弧焊、激光焊、铝焊、电焊等，激光焊以其精度高、焊点小、不需打磨等优势被广泛应用。

二、机器人搬运

机器人的末端执行器安装夹具（如手抓、真空吸盘、电磁吸盘）进行物料的搬运，一般不同的物料和工件需要开发不同的机器人夹具，一个机器人需要搬不同的工件时也可以让机器人从夹具库中自动更换夹具；搬运机器人代替了人类繁重的劳动，一般搬运重量越大，机器人的价格越高。FANUC机器人家族中有可以搬运成品汽车的六轴机器人。搬运机器人广泛应用于机床上下料、自动流水线、冲压、分拣等场合。

三、机器人码垛

机器人码垛实际上是"带算法的搬运"，FANUC机器人有专门的码垛软件包安装在控制柜里，需要的可以向代理商购买。码垛分为堆码和解码，实际上是如何把货物有序叠放和拆分放置。机器人码垛可以全天候作业，在化工、饮料、食品、纸箱、瓶装、水泥等生产行业有着广泛应用。机器人码垛还结合AGV小车的运送以及智能物流管理，是无人车间的其中一环。

四、机器人雕刻

在机器人绘图、雕刻上应用了机器人的离线仿真技术，KUKA机器人、埃斯顿机器人的离线仿真质量与现实吻合度达到95%以上，在计算机上把平面图或三维立体图画好，导入机器人系统并进行关键点定位后，机器人可以自动完成复杂图形的绘制和立体图的雕刻。在石膏雕塑、家具木雕中，机器人雕刻有广阔的应用前景。雕刻环境粉尘多，同一款产品用户个性化要求不同，而雕刻机器人可以解决雕刻领域存在的这些难点。

五、机器人喷涂

机器人喷涂包括涂胶、喷釉、喷漆等典型应用。这些应用场合有刺激性气味、湿度大、环境脏，喷涂质量的好坏和效率在机器人对原有生产线改造后得到明显的提高，因此机器人代替工人完成这些工作成为当前陶瓷行业对机器人的刚需。

六、机器人切割

机器人切割除了用丙烷、丙烯、乙炔作为切割的主要气体外，机器人激光切割以其精度高、切缝变形小、路径柔性好成为新的热点。机器人切割可以避免工作环境中辐射的高温对人体皮肤的伤害，与焊接一样，当前已经可以使用视觉追踪自动识别焊缝和切割轨迹，让机器人的生产更加智能化。

任务三　认识工业机器人涉及的外围技术

机器人生产厂家只负责生产机器人本体以及开发机器人的控制系统和用户系统（如焊接、码垛、搬运、雕刻等工具包），不同应用企业对机器人的工作内容要求不同，因此购买机器人后，后续的开发需要用到多方面的机电一体化技术。完成一个机器人工作站的开发，经常会遇到的外围技术问题涉及五个方面：

一、机器人夹具

图 1-6 所示是机器人常用的三种夹具，因为机器人工作的对象千差万别，所以机器人夹具是个性化定制的。当前设计机器人夹具可以通过 UG、SolidWorks 等三维软件完成尺寸绘制后交给加工中心、数控车床等厂家进行加工。机器人夹具设计是机器人专业人才需要掌握的一项重要技能。夹具除了机械结构的设计，还有配合气动传动进行的夹紧设计，很多设计场合都遇到了非标的设计。

a) 气动手指　　　　　　　　b) 气动吸盘　　　　　　　　c) 焊枪夹持器

图 1-6　机器人夹具

二、视觉与检测装置

机器视觉是用图像视觉产品来采集信号的，对信号进行分析处理后对控制器给出参考指令，图像摄取装置当前有 CMOS 和 CCD 两种类型，可以采集物体的颜色、形状、亮度、位置，机器人结合视觉识别技术在装配、分拣上已有广泛应用。

视觉识别是一项综合技术，它涉及计算机编程、传感器成像、信号数字化处理、光源系统等多方面。视觉识别的准确性对机器人以及后续的加工非常关键。视觉识别可以应用在观察区间狭小、照度低、需要经常采样的场合。视觉识别对工业摄像头的性能要求较高，当前是一项"昂贵"的技术，但其对自动化生产的重大支持使得视觉识别成为智能制造不可缺少的技术分支。

三、自动化设备连接

机器人本体与控制柜是独立设备，它要与外围设备联合完成生产，不可避免与外围的自动化设备进行信号连接和编程配合。机器人控制柜一般都集成了对外开放的控制信号和 I/O 信号，在接线时要根据说明书看清是 NPN 还是 PNP 的接线方式再选择外围控制器。PLC、计算机是机器人常见的外围上位机，PLC 控制外部自动化设备，PLC 与机器人联合通信实现协作生产。

四、现场总线与工业以太网

工业 4.0 离不开现场总线和人工智能（AI），现场总线把工业现场的智能化仪器仪表、控制器、执行器等的信息用一组通信线进行集成并进行数字通信，现场设备之间可以方便地进行数据交换，让整个控制系统更加可靠。

现场总线为开放式互联网络，既可以与同层网络互联，也可与不同层网络互联，还可以实现网络数据库的共享，现场总线体现了分布、开放、互联、高可靠性的特点。与DCS（集散控制系统）相比，DCS通常是一对一单独传送信号，其所采用的模拟信号精度低，易受干扰，而现场总线控制系统（FCS）则采取一对多双向传输信号，采用的数字信号精度高、可靠性强，设备始终处于操作员的远程监控状态，智能仪表具有通信、控制和运算等丰富的功能，而且控制功能分散到各个智能仪表中，控制风险得到降低。

现场总线是工业以太网的一部分，工业以太网把现场设备用工业交换机连接在一起，相互高速通信。当前的工业以太网协议并没有形成统一的标准。LonWorks 现场总线、CAN 总线、Profibus 现场总线、DeviceNet 现场总线、ControlNet 现场总线是主流的工业以太网现场总线。

当前的工业机器人控制柜都集成了不同协议的工业以太网接口，与外界设备的通信连接在同一个局域网中完成，非常方便。

五、人工智能

机器人向人工智能方向发展是不可逆的趋势，人脸识别、刷脸消费、自动驾驶都是人工智能的体现，人工智能让机器人具有自主学习、自觉分析问题、准确决策的能力。要让机器人更好地为人类服务，使机器人向人的能力靠近是一个公认的思路。人工智能涉及计算机编程和模糊控制、神经网络、专家系统等先进算法，是一个高智力汇聚的学科。

项目二　建立 FANUC 机器人仿真环境

Roboguide 是 FANUC 机器人的一个三维仿真软件，初学者可以通过计算机操作仿真软件学习机器人技术，仿真与现实操作是有差距的，但仿真操作可以让初学者把大部分要"犯的错"都在仿真软件上验证体验一遍，在真正操作机器人时避免发生意外和损害。当前 FANUC 机器人的仿真软件编写的程序可以直接导入现场应用，但程序的每一个工作点在现场必须进行重新示教。FANUC 机器人的示教是通过示教器操作的。近年来，为体现人机协作的理念，已经出现了拖动示教——人移动机器人进行定点，这项新技术将得到推广应用；国产埃斯顿机器人已实现离线仿真与现实工作的统一，离线环境运行的程序，可以通过简单的定点在现场不需示教直接运行。

任务一　新建一个焊接工作单元

Roboguide 软件的试用版只能用 30 天。本任务从学习建立一个焊接工作单元出发，学会 Roboguide 软件的使用，读者可以根据步骤在计算机中操作。当前 Roboguide 的主界面是英文版的，建立仿真环境后，示教器可以切换到中文界面。

下面从建立一个焊接工作单元开始，熟悉 Roboguide 软件的操作：

1）在图 1-7 中，File 菜单下单击 New Cell 新建单元功能，选择机器人型号；单击 Next 下一步进入选择机器人参数界面。

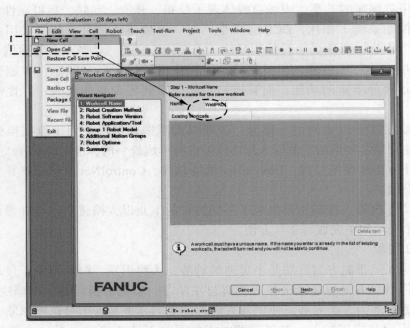

a）新建默认单元

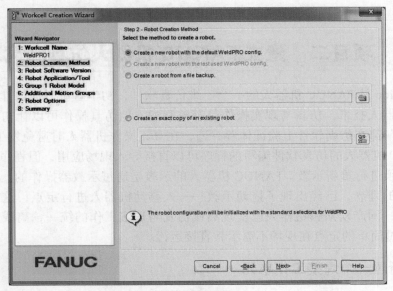

b）单元参数配置

图 1-7　新建单元流程 1、2

图 1-7b 中可选各项的英文解释如下：第一项"根据默认配置新建"；第二项"根据上次使用的配置新建"；第三项"根据机器人备份文件来创建"；第四项"根据已有机器人的副本来新建"。此处选择默认的第一项，单击 Next 进入下一步。

2）因为只安装了一个系列的机器人，所以图 1-8 的第三步流程选择机器人类型可以直接跳过。选择机器人的应用软件：选用 ArcTool(H541)。选择合适的机型，如果选型错误，造成焊接位置达不到，可以在创建之后再更改。

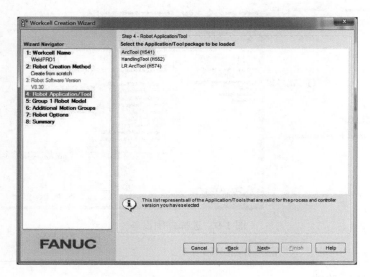

a) 机器人应用软件

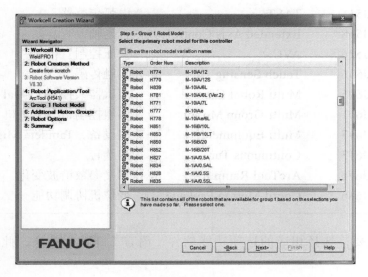

b) 选择机器人类型

图 1-8 新建单元流程 3、4

3）按图 1-9 选择 Group2~7 的设备：该实例中选了两个 Positioners（变位机），如果没有类似设备，就无需在此页上做任何选择。

图 1-9　选择外围设备

弧焊中常用的选项功能：

1AO5B-2500-H871	ARC Positioner	FANUC 二轴变位机
1AO5B-2500-J511	TAST	电弧传感器
1AO5B-2500-J518	Extended Axis Control	行走轴
1AO5B-2500-J526	AVC	弧压控制
1AO5B-2500-J536	Touch Sensing	接触传感
1AO5B-2500-J605	Multi Robot Control	多机器人控制，Dual Arm 中用
1AO5B-2500-J601	Multi-Group Motion	多组控制，有变位机，必须选
1AO5B-2500-J617	Multi Equipment	多设备，Tamdem Mig 中用
1AO5B-2500-J613	Continuous Turn	连续转
1AO5B-2500-J678	ArcTool Ramping	焊接参数谐波变化
1AO5B-2500-J686	Coord Motion Package	变位机协调功能

4）根据需要，选择相应的选项功能软件、语言（默认为英文，此处选中文见图 1-10）。

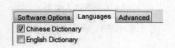

图 1-10　语言选择

5）在步骤4）中单击Next，进入图1-11列出刚才设置的所有参数，单击Finish完成。

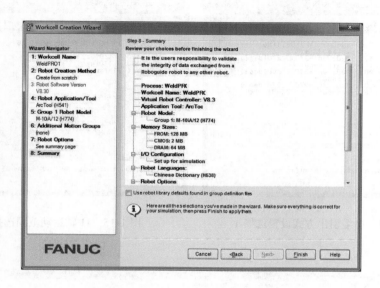

图 1-11 简要参数罗列

6）机器人基本的设置

附加轴是机器人第六轴所带工具建立的坐标轴，例如焊枪、夹持器、喷嘴。在新建过程中，如果添加了附加轴（Positioner，Rail），在 Workcell 的新建完成之前，会依次弹出图 1-12~ 图 1-15 的窗口，需要逐个回答。如果没有添加附加轴，则不会弹出这些窗口。完成后进入图 1-16 所示的工作环境。

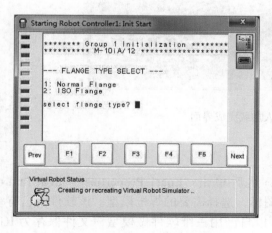 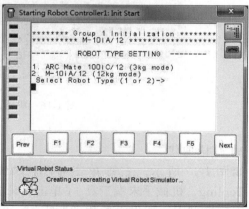

图 1-12 选定法兰类型（用键盘输入"1"）   图 1-13 设置机器人类型（用键盘输入"1"）

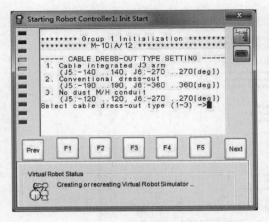

图 1-14 电缆引出方式设置选择 1

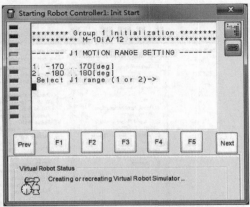

图 1-15 J1 轴运动范围选择 1

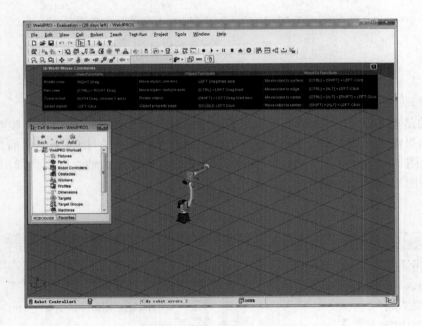

图 1-16 机器人加载完成界面

7）焊枪加载

如图 1-17 所示，右键单击 UT:1(Eoat1) 然后单击 "Eoat1 Properties"（Eoat:End of Arm Tooling，机械手末端工具）（单击打开图标，选择需要的焊枪模型。该软件中已有一些常用的模型库，如果没有找到所需的，可以自己用三维软件做模型，文件保存为 IGS 格式。常用模型所在位置：C:\Program Files\FANUC\PRO\SimPRO\Image Library\EOATs\weld_torches）。

此处利用工具库查找 weld_torches 下合适的焊枪，查找界面如图 1-18 所示。

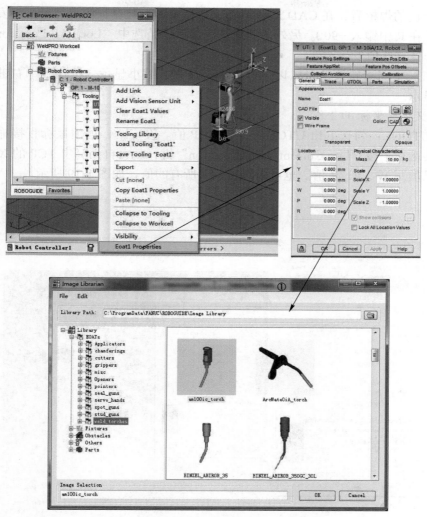

图 1-17 焊枪加载步骤

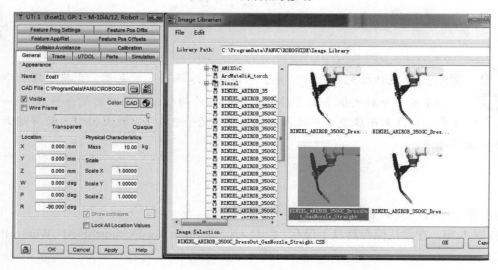

图 1-18 焊枪查找

选择合适的焊枪后，在 CAD Location 这一栏中填写数据，使得焊枪正确安装到机器人第六轴（在 R 中输入 -90）。另外，完成这一步后，请选中"Lock All Location Values"，防止误操作使这些值发生改变。

利用鼠标中间滚轮滚动可以以光标为中心放大、缩小显示，按住鼠标右键移动可以旋转方位显示。

8）定义工具坐标 TCP

打开 UTOOL，勾选 Edit UTOOL，设定 TCP 值。设定时，可用鼠标直接拖动绿色小球到焊丝尖端后，按"Use Current Triad Location"键，就会自动算出 TCP 的 X、Y、Z 值，然后再自己填写 W、P、R 值。也可以直接输入所有的值，如图 1-19 所示。

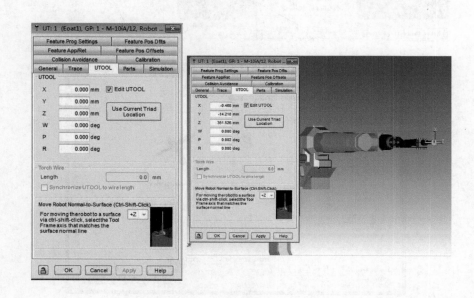

图 1-19　设定 TCP

提示：1）拖动绿色小球时，为了尽快将小球拖到焊丝尖端，先将小球三个坐标轴中的一个轴大概垂直于屏幕，拖动另外两个轴到焊丝尖端，然后换一个轴垂直于屏幕，再拖动小球更进一步与焊丝尖端重合。2）可以放大模型，放得越大，TCP 设置得越准。

9）保存工程

按图 1-20，在默认保存路径下保存：C:\Users\Administrator\Documents\My Workcells。

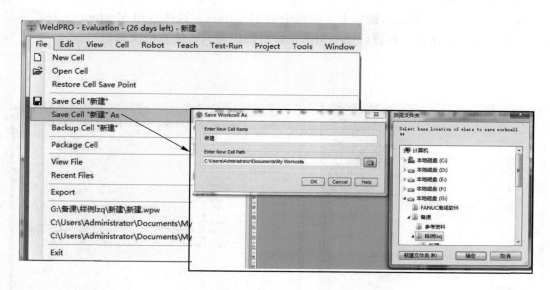

图 1-20　按默认路径保存

鼠标操作

① 对模型窗口的鼠标操作。

鼠标可以对仿真模型窗口进行移动、旋转、放大和缩小等操作。

a. 移动：按住中键，并拖动。

b. 旋转：按住右键，并拖动。

c. 放大和缩小：同时按住左右键，并前后移动；另一种方法，直接滚动滚轮。

② 改变模型位置的鼠标操作。

改变模型的位置，一种方法是直接修改其坐标参数；另一种方法是用鼠标直接拖曳。鼠标直接拖曳的方法：首先用左键单击选中模型，并显示出绿色坐标轴；

移动：将鼠标箭头放在某个绿色坐标轴上，箭头显示为手形并有坐标轴标号 X、Y 或 Z，按住左键并拖动，模型将沿此轴方向移动。

③ 将鼠标放在坐标上，按住键盘上的 Ctrl 键，按住鼠标左键并拖动，模型将沿任意方向移动。

旋转：按住键盘上的 Shift 键，鼠标放在某个坐标轴上，按住左键并拖动，模型将沿此轴旋转。

④ 机器人运动的鼠标操作。

用鼠标可以实现机器人 TCP 点快速运动到目标面、边、顶点或者圆中心，方法如下：

a. 运动到面：Ctrl+Shift+ 左键。

b. 运动到边：Ctrl+Alt+ 左键。

c. 运动到顶点：Ctrl+Alt+Shift+ 左键。

d. 运动到圆中心：Alt+Shift+ 左键。

10）建立工作台

如图 1-21 所示，鼠标右键单击工程树中的 Machines，选择 Add Machine，在默认的文件中找出一个工作台。加载后还要调整工作台的位置，不能直接使用。

a) 加载 Machine   b) 找到合适文件

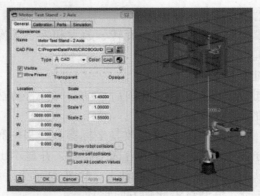

c) 加载效果

图 1-21　加载工作台

如图 1-22 所示，双击工具台，弹出设置对话框，用鼠标拖动工作台的绿色坐标，让其位于机器人前面，调整工作台坐标让其朝上，坐标参数如图 1-21 所示。把 W 改成 90deg（90°），工作台调整后如图 1-22 所示。在 "Lock All Location Values" 前打勾，锁定参数禁止修改。

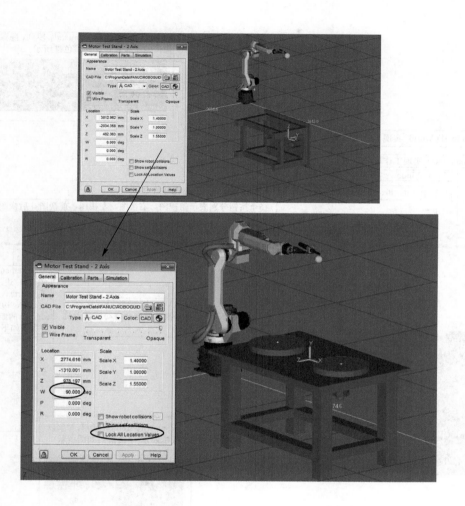

图 1-22　设置工作台方向

任务二　认识机器人仿真软件的功能

一、认识常用工具条功能

运用图 1-23 所示的视图工具条可以对鼠标指向的点进行放大、缩小，在仿真环境中，定点由于视觉会出现偏差，因此需要多角度放大、缩小看机器人的工具是否到达所需加工的位置，特别是用仿真软件进行工具坐标和用户坐标示教时，定点不准确会导致坐标示教失败。

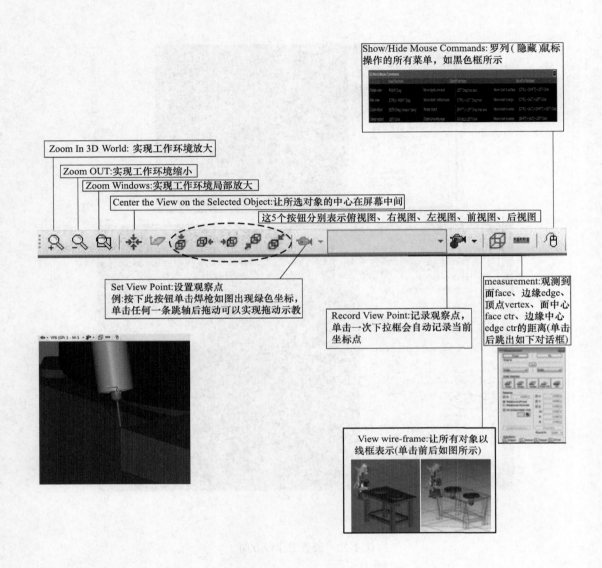

图 1-23   视图工具条

图 1-24 所示是机器人各坐标系的切换显示与运行记录，还可以调出示教器 TP 进行机器人的编程和设置，在仿真软件中可以把机器人的运动过程录像保存。

可以在图 1-25 所示的工具条中对想要更改的机器人和项目参数进行修改，单击保存功能可以将修改过的项目更新保存到已保存的路径。

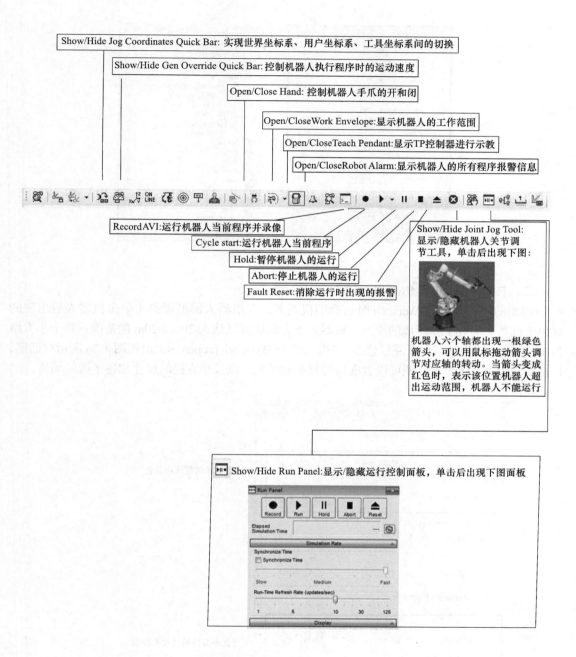

图 1-24　坐标与运行工具条

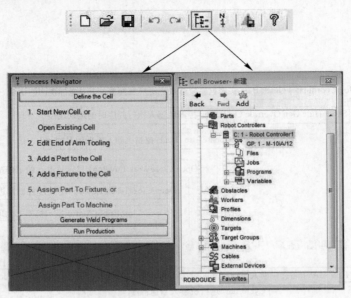

图 1-25　项目修改工具

二、ROBOGUIDE 仿真界面简介

画面的中心为创建 Workcell 时选择的机器人，以机器人模型原点（单击机器人后出现的绿色坐标系）为此工作环境的原点。机器人下方的底板默认为 20m×20m 的范围，每个小方格为 1m×1m，可以通过以下路径修改：单击 Cell → Work cell properties，出现图 1-26 所示对话框，选择 Chui World 选项卡，便可设置底板的范围和颜色，以及小方格的尺寸和各子线的颜色。

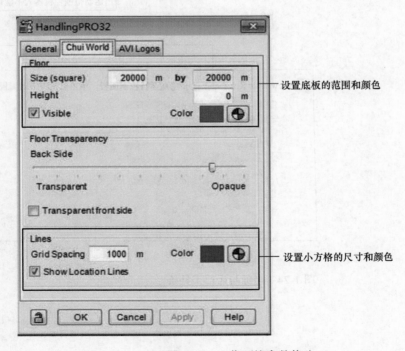

图 1-26　工作环境参数修改

项目三　示教器的使用与坐标系的建立

示教器 TP 作为机器人技术员与机器人的对话窗口发挥着重要的作用，不同机器人品牌的示教器形状、大小、按键位置差别较大，但使能开关、急停按钮、坐标切换键、自动 / 手动模式开关都是具备的，这是机器人调试和运行过程所必备的功能。举一反三，学会 FANUC 示教器的使用方法，再自学其他品牌机器人示教器的使用就不会感到困惑。

机器人的每一个动作、每一处移动都需要精确计算和定位，所以在机器人系统看来，机器人是在坐标系下运动的。本项目将详细介绍如何理解和应用各种坐标系。

任务一　学会使用示教器

图 1-27 所示是 FANUC 机器人示教器的正反面外观和主要按钮功能，正常使用示教器前要将控制柜的运动模式调整到 T1 或 T2（不要在 Auto 模式）才能进行手动示教，控制柜的急停按钮和示教器的急停按钮必须同时松开，示教器才能为用户所使用。机器人调试过程中出现问题，迅速按下任何一个急停按钮，机器人会马上停止。示教器的工作开关置于 ON 进入手动模式。

急停按钮:按下时机器人马上停止不动

三位安全开关(两个一样的)：中间位置有效，松开手或握到最边位置时机器人会停止

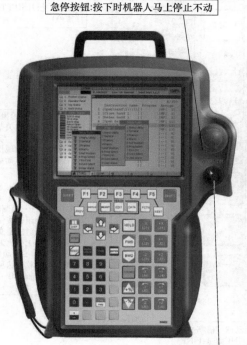

示教器有效开关:置于OFF时程序点动、运行、创建均不能进行

图 1-27　FANUC 机器人示教器

FANUC 机器人示教器旧版本是黑白屏的，新生产的示教器都是彩屏的，在示教器的背面有两个功能相同的三位安全开关，可以满足人左手或右手拿示教器。握住其中一个

开关置于中间档，让示教器进入使能状态，这样才可以控制机器人手动运行。如果按的力度太小或太大，三位安全开关的位置不处于中间，机器人就不能起动。

图 1-28 所示是示教器按键面板的功能介绍，一些按键在不同的状态和软件包下其功能是不同的，例如 COORD 键可以切换不同的坐标，让机器人处于此坐标下工作，常用坐标系有关节坐标系 Joint、直角坐标系 World、工具坐标系 Tool；图 1-28 所示的"HANDLING TOOL 搬运工具"键在焊接功能下变成 WELD ENBL、Wire +、Wire−、MAN FCTN 功能键。

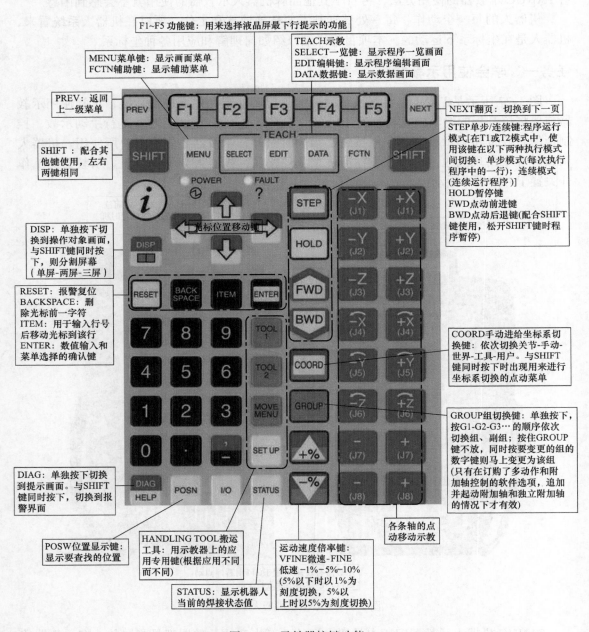

图 1-28 示教器按键功能

在示教器 TP 屏幕的最上方显示了机器人当前运行的状态，表 1-2 列出了各种状态的意义。示教器每个主菜单内还有子菜单，表 1-3 和表 1-4 列出了常用的 FCTN 功能菜单和 MENU 菜单下的子菜单，这些菜单可以按照使用 Window 系统计算机软件的思维去使用，想要用什么功能就去找什么菜单。

表 1-2 TP 屏幕最上方显示各按键和运行的状态

符号	表达信息	符号	表达信息
FAULT 异常	显示一个报警	JOINT 关节	显示示教坐标系是关节坐标系
HOLD 暂停	显示暂停键被按下	XYZ 直角坐标	显示示教坐标系是直角坐标系
SETP 单步执行	显示在单步状态	TOOL 工具坐标	显示示教坐标系是工具坐标系
BUZY 处理中	显示机器人在工作或程序在执行或打印机和软盘正在工作	PROD MODE 生产模式	当接收到起动信号时，程序开始执行
RUNNING 运行中	显示程序正在执行	GUN	根据程序而定
I/O ENBL	显示信号被允许	WELD	根据程序而定
		I/O	根据程序而定

表 1-3 FCTN 功能菜单

项目	功　能
ABORT	强制中断正在执行或暂停的程序
Disable FWD/BWD	使用 TP 执行程序时，选择 FWD/BWD 是否有效
Change Group	改变组（只有多组被设置时才会显示）
Tog Sub Group	在机器人标准轴和附加轴之间选择示教对象
Tog Wrist Jog	选择腕关节轴
Release Wait	跳过正在执行的等待语句，当等待语句被释放时，执行中的程序立即被暂停在下一个语句处等待
Quick/Full Menus	在快速菜单和完整菜单之间切换
Save	保存当前屏幕中的相关数据到软盘
Print Screen	打印当前屏幕数据
Print	打印当前程序
Unsim All I/O	取消所有 I/O 信号的仿真设置
Cycle Power	重新起动（Power ON/OFF）
Enable HMI Menus	选择当按住 MENUS 键时是否需要显示菜单

表 1-4 MENU 菜单

项目	功　能
Utilities	显示提示
Test Cycle	为测试操作指定数据
Manual FCTNS	执行宏指令
Alarm	显示报警历史和详细信息
I/O	显示和手动设置输出，仿真输入/输出，分配信号
SETP	设置系统
FILE	读取或存储文件
Soft Panel	执行经常使用的功能
User	显示用户信息
Select	列出和创新程序
Edit	编辑和执行程序
Data	显示寄存器、位置寄存器和堆栈寄存器的值
Status	显示系统和弧焊状态
Position	显示机器人当前位置
System	设置系统变量
User2	显示 KAREL 程序输出信息
Browser	浏览网页，只对 iPendant 有效

任务二 区分各种坐标系与运动类型

不同品牌的机器人同一类坐标的名称叫法不一，但可以归纳为以下四类：关节坐标、世界坐标、用户坐标、工具坐标。关节坐标用于表示机器人各个轴的单独运动；世界坐标是机器人出厂就已经集成在系统上的大地坐标，如果不建立用户坐标，则世界坐标的方向就是用户坐标的方向；用户坐标是机器人技术员在编程调试时针对机器人工作对象的定点加工而设立的坐标，可以根据实际定义多个用户坐标；工具坐标是机器人本体最后一轴安装的工具上的坐标，如果不定义工具坐标，对关节机器人来说就是机器人最后一轴的法兰中心，工具坐标是编程必须定义的坐标，因为机器人本身不知道它自己安装的工具大小和长短，只有通过定义工具坐标才能让机器人把默认的法兰中心坐标迁移到所装工具上，让工具能在工作对象上准确定点。

一、认识 FANUC 机器人坐标系

FANUC 机器人的坐标系可以通过示教器的 "COORD" 键进行切换。

关节坐标 JOINT：J1、J2、J3、J4、J5、J6。

直角坐标 XYZ：

1）工具坐标 TCP（工具中心点）。

2）用户坐标：

① 全局坐标 / 大地坐标 / 世界坐标 / 基坐标 WORLD；

② 手动坐标 JGFRM；

③ 用户坐标 USER；

用户自定义前，这三种坐标与方向完全重合。

定义工具坐标的目的是将第六轴法兰盘的坐标移到工具尖端或中心上，未定义前 TCP（TCP 出厂默认在法兰盘中心），安装工具后应调整到工具中心。是否定义了工具坐标 TCP 的效果如图 1-29 所示。

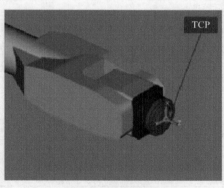
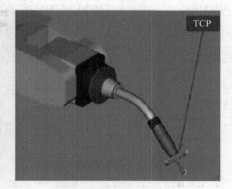

a）标定前在法兰中心   b）标定后在工具尖端

图 1-29　工具坐标标定前后

二、确定机器人全局坐标的方法

机器人的全局坐标（世界坐标）采用的是笛卡儿坐标，可以按照图 1-30 所示的方法用右手定则判定，即站在机器人正前方，面向机器人，举起右手如图 1-30 所摆的姿势，XYZ 的正方向如下：中指所指方向为 $X+$，拇指所指方向为 $Y+$，食指所指方向为 $Z+$。

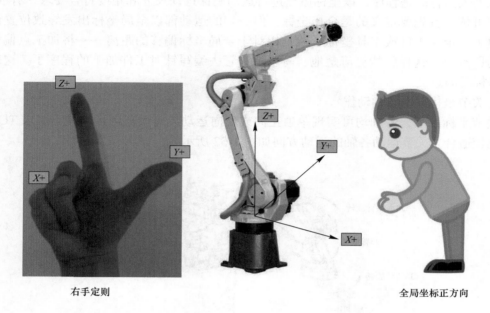

右手定则   全局坐标正方向

图 1-30   机器人世界坐标的确定

三、确定工具坐标系的方法

工具坐标系是把原点定义在 TCP，假定工具的有效方向为 X 轴方向（有些厂商定义为 Z 轴方向），用右手定则确定 Y、Z 轴。图 1-31 给出了示例。

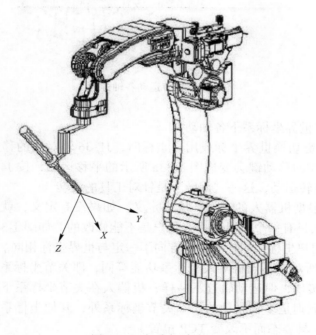

图 1-31   右手定则看 TCP

四、各坐标系下机器人的运动规律

机器人执行的是程序，以坐标原点进行运动确保运动尺寸和角度符合要求，有准则、有参照可依，首先要定义的是全局坐标。但一切的运动都以全局坐标出发导致位置计算量会很大，定义工件或工具坐标系就是相对于全局坐标偏移的距离——将加工点偏移到工件的原点上，这样就能更清楚地、简单地只管去编写针对工件加工的程序了。这就是确定坐标系的意义。

1. 关节坐标系下各轴动作

关节坐标系下，各轴均可实现单独正向或反向运动，对大范围运动且不要求 TCP 姿态时比较适合。关节运动各轴的运动方向如图 1-32 所示。

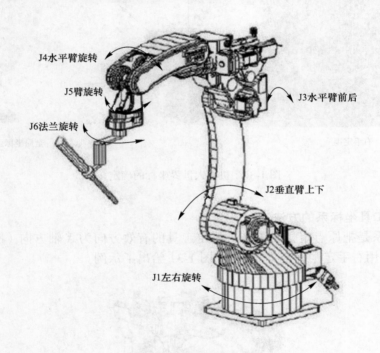

J4水平臂旋转

J5臂旋转

J6法兰旋转

J3水平臂前后

J2垂直臂上下

J1左右旋转

图 1-32　关节运动各轴方向

2. 用户坐标系 / 世界坐标系下各轴动作

用 "COORD" 键切换世界坐标或用户坐标时，J1~J6 轴对应的移动键不再按图 1-32 工作，按 J1、J2、J3 的移动键会变成图 1-33a 所示的平移运动，按 J4、J5、J6 键则会变成图 1-33b 所示的旋转运动，这一 "旋转" 是针对工具的旋转。

用户坐标可以根据机器人的工作环境来定义，如果没有定义，就默认与机器人的世界坐标重合，机器人只有一个世界坐标，用户是不能修改的。如图 1-34a 所示，机器人可以根据工作台设立用户坐标，用户坐标的方向不一定与世界坐标相同。

如图 1-34b、c 所示，不同机器人坐标系功能等同，即关节坐标系下完成的动作在直角坐标下同样可以实现，但运动轨迹不一样；机器人在关节坐标系下的动作是单轴运动的，在直角坐标系下则是多轴联动的。除关节坐标系外，其他坐标系均可实现控制点不变的动作（只改变工具姿态而不改变 TCP 位置）。

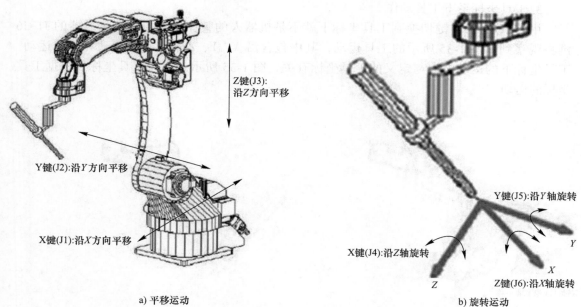

a) 平移运动

b) 旋转运动

图 1-33 世界坐标下的运动

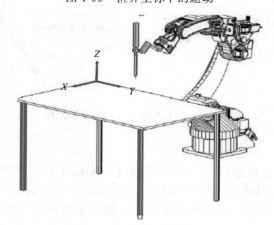

a) 用户坐标方向举例

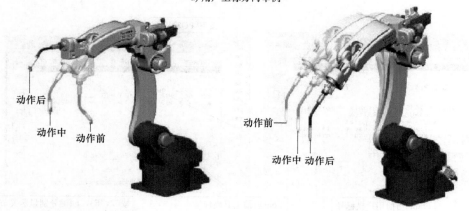

b) 关节坐标下

c) 用户坐标下

图 1-34 关节坐标和用户坐标下的运动比较

3. 工具坐标系下工具动作

用 "COORD" 键切换到工具坐标下就不是机器人的整体运动了，按示教器的 J1~J6
键将观察到如图 1-35 所示的工具运动，其中包含沿 X、Y、Z 轴的平移运动和旋转运动。
工具坐标下的运动方向与定义的工具坐标有关，图 1-35 所示是定义工具坐标后根据工具
坐标的运动。

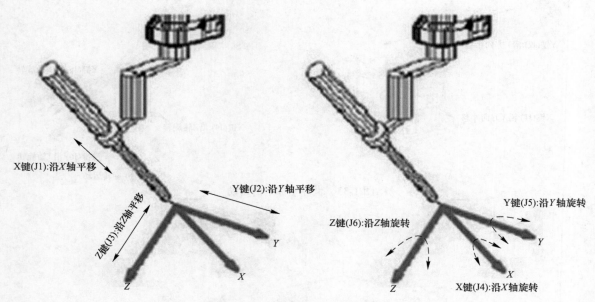

图 1-35 工具坐标下 TP 按键的动作

4. 查看位置状态

POSITION 位置信息根据机器人位置的改变而实时更新，查看方法如下：在 🔘 状态
下，按图 1-36 操作，用此查看方法可以将标定后的坐标值记录下来，遗失或误删坐标后
可以用直接输入法马上恢复。记录时要注意是在哪一个坐标系下记录的数据。

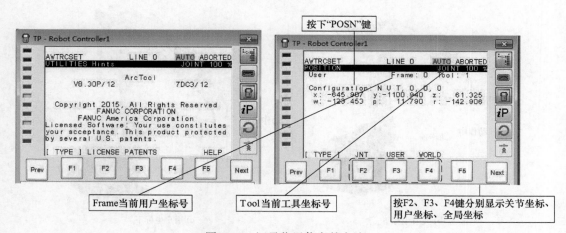

图 1-36 记录位置信息的方法

任务三　建立工具坐标系

工具坐标是机器人法兰安装工具后必须标定的，目的在于将法兰中心点的坐标迁移到机器人的工具上来，无论是何种工具，都应该进行工具坐标的标定。图 1-37 所示是机器人手爪标定工具坐标后，工具坐标位于手爪中央，对与图 1-37 这类不是一个点的工具中心点的标定，有时要借助实际工具或辅助工具才能完成。

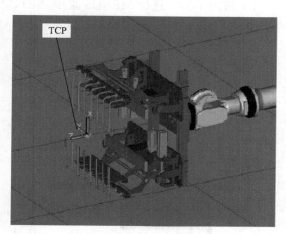

图 1-37　手爪工具坐标标定效果

一、工具坐标系的标定方法

机器人工具坐标系的标定方法有外部基准法和多点标定法（三点法、六点法、直接输入法）。外部基准法只要工具对准某一测定好的外部基准点即可，但过于依赖机器人外部基准；多点标定法包括工具中心点（TCP）位置多点标定和工具坐标系（TCF）姿态多点标定。

TCP 位置标定是使几个标定点 TCP 位置重合，从而计算出 TCP，如四点法；TCF 姿态标定是使几个标定点之间有特殊的方位关系，从而计算出工具坐标系相对于末端关节坐标系的姿态，如五点法、六点法。

二、三点法标定过程

下面用 FANUC 仿真软件学习三点法标定工具坐标的过程，三点法把工具中心点从机器人的法兰中心移到了工具尖端，但坐标方向则与法兰坐标方向一致，不能改变；六点法则可以改变工具坐标的方向使其与法兰坐标的方向不一样，实际应用中根据生产需要来确定选用哪一种方法。

先新建一个名为"三点法 TCP"的工程，加载焊枪，在 Machine 加载工作台中先加载一个圆柱体，借助圆柱体的一个点进行标定，效果如图 1-38 所示（第六轴 TCP 的坐标因为没有示教，还在法兰盘上）。利用工具，在圆柱中间定一个标志，以便示教。

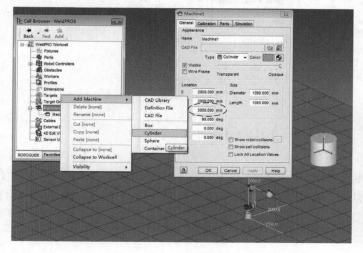

图 1-38　新建项目

标定操作步骤如下：

1）按图 1-39，选择 MENUS 菜单 -SETUP 设定 -F1 键（TYPE 类型）-Frames 坐标系。

 提示： *每一步用 Enter 键确定。*

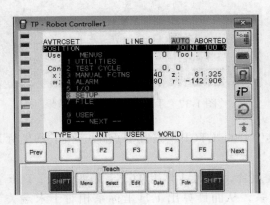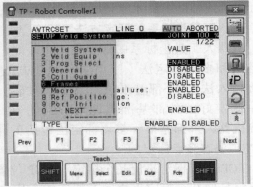

图 1-39　工具坐标标定步骤 1

2）在图 1-40 中按 F3 键（OTHER 坐标）-Tool Frame 工具坐标 -Enter。

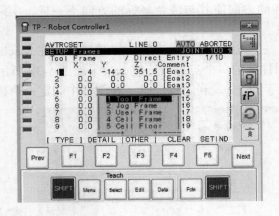

图 1-40　工具坐标标定步骤 2

3）如图 1-41a 所示光标定位到要设置的 TCP，按 F2 键（DETAL 细节）- 在图 1-41b 中按 F2 键（METHOD 方法）- 在图 1-41c 中选择三点法 Three Point- 进入图 1-41d 所示界面。

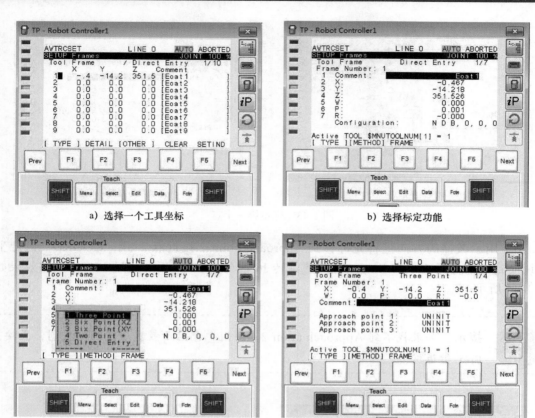

a）选择一个工具坐标   b）选择标定功能

c）选择三点法   d）进入标定记录界面

图 1-41 三点法选择过程

4）在图 1-42a 中，用方向键将光标移到 Approach point 1 接近点 1- 用"COORD"键把坐标切换到全局坐标 WORLD-Enter，如图 1-42b 所示。

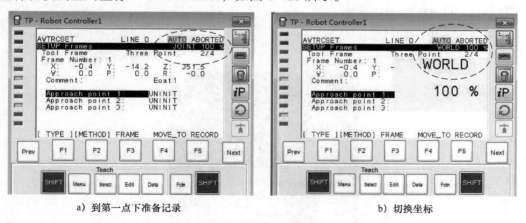

a）到第一点下准备记录   b）切换坐标

图 1-42 切换成全局坐标（世界坐标）

5）将示教器开关调整至 ON，按下 SHIFT 键，用 J1~J6 ± XYZ 键调整机器人工具尖端接触到基准点如图 1-43a 所示 -SHIFT+F5（RECORD）记录当前坐标值，如图 1-43b 所示。

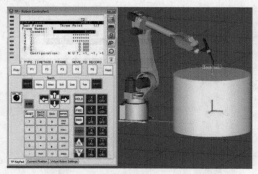
a) 示教到基准点

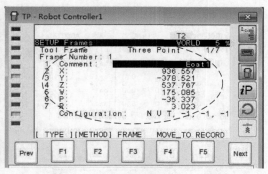
b) 记录后的情况

图 1-43　标定第一个点

6) 用示教器的方向键将光标移到 Approach point 2 接近点 2- 用"COORD"键把坐标切换到关节坐标 JOINT-Enter- 用 旋转 J6 轴至少 90°，不要超过 360°。调整效果如图 1-44 所示。

> **提示**：如果找不到 Approach point 2，则用 ⟳ 重启示教器后就可以找到，或按 Prev 键返回。

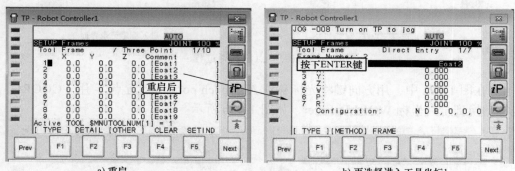
a) 重启　　　　　　　　　　　　　　　b) 再选择进入工具坐标1

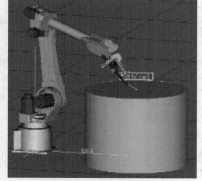
c) 调整机器人到新的姿态

图 1-44　调整机器人姿态

7）用 "COORD" 键把坐标切换到全局坐标 WORLD-Enter- 移动机器人使得工具尖端对准基准点 - SHIFT+F5（RECORD）记录当前坐标值。操作过程如图 1-45 所示。

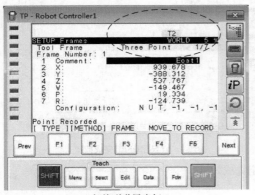
a) 切换到世界坐标

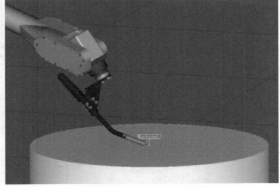
b) 用J1~J3±XYZ 键移动到基准点

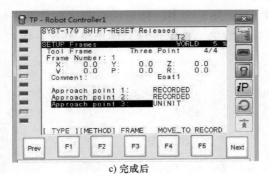
c) 完成后

图 1-45　以新姿态标定第二点

8）用类似 7）的方法把光标移到 Approach point 3- 用 "COORD" 键把坐标切换到关节坐标 JOINT-Enter- 旋转 J4 轴和 J5 轴至少 90°（见图 1-46）- 用 "COORD" 键把坐标切换到全局坐标 WORLD-Enter- 移动机器人使得工具尖端对准基准点 - SHIFT+F5（RECORD）记录当前坐标值。最后标定的数据如图 1-47 所示，"最终标定" 图中 XYZ 的数据代表当前设置的 TCP 相对于 J6 轴法兰盘中心的偏移量，WPR 值为 0 表明三点法只是平移了整个 TOOL 坐标系，并不改变方向。

a) 关节坐标下旋转J4、J5轴

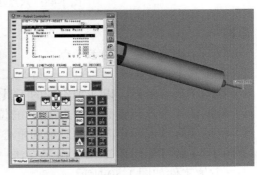
b) 世界坐标下旋转J2-Y轴

图 1-46　调整机器人到第三种姿态

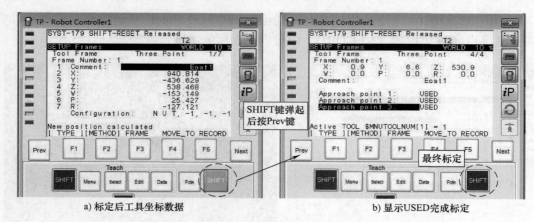

a) 标定后工具坐标数据　　　　　　　　　　　　b) 显示USED完成标定

图 1-47　三点标定完成效果

三、六点法标定过程

标定过程以次轴（J4、J5、J6）为主，标定后可通过在关节坐标系以外的坐标系中进行控制点不变动作来检验标定效果。标定过程总体思路如图 1-48 所示。

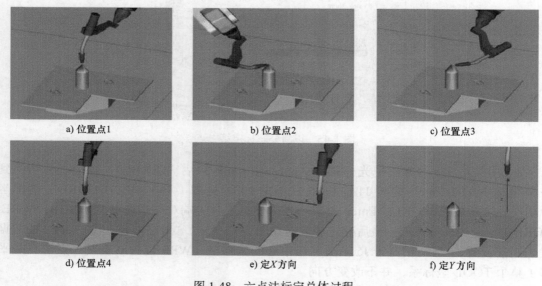

a) 位置点1　　　　　　　　　　b) 位置点2　　　　　　　　　　c) 位置点3

d) 位置点4　　　　　　　　　　e) 定 *X* 方向　　　　　　　　　　f) 定 *Y* 方向

图 1-48　六点法标定总体过程

思路：

1）找一个固定的点作为参考点；

2）在工具上确定一个参考点，最好是工具中心点（TCP）；

3）移动工具参考点，以 4 种不同的工具姿态尽可能与固定点刚好碰上；

4）根据前 4 个点位置数据算出 TCP 的位置，根据后 2 个点确定 TCP 的姿态；

5）根据实际情况设定工具的质量和重心位置数据。

按图 1-49 做好标定前工作：像三点法一样，先新建一个工程，加载第 6 轴的工具；找一个立方体工件如图 1-50 所示。

最后调整立方体位置如图 1-51 所示。

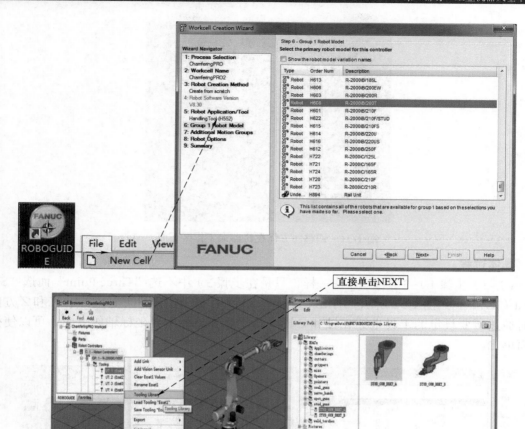

图 1-49 六点法标定环境建立

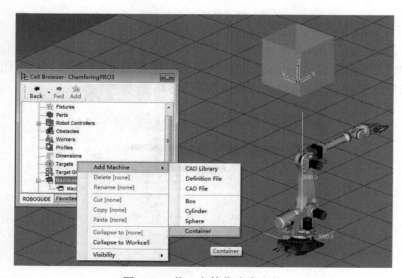

图 1-50 找立方体作为参考物

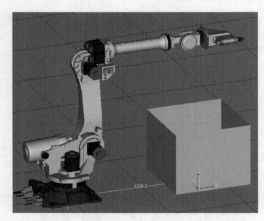

图 1-51　调整立方体在机器人工作区下面

具体过程：

1）~3）步骤 1）~3）与三点法一样，只是在步骤 3）中不选"Three Point"而选"Six Point（XZ）"。如图 1-52 所示，有 Six Point（XY）可选，但记录工具坐标的 X 和 Z 方向点时通过所要设定的工具坐标 X 轴和 Z 轴平行于全局坐标世界坐标轴的方向，可以使操作简单化。

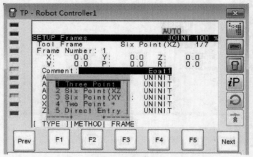

a) 选择标定方法　　　　　　　　　　　　　　b) 进入六点法记录界面

图 1-52　选择进入六点法

4）记录接近点 1（Approach point 1）和方向原点（Orient Qrigin Point）。

移动示教器方向键到 Approach point 1-Enter 进入图 1-53 所示界面 - 用"COORD"键将坐标切换到全局坐标 WORLD-Enter，如图 1-54a 所示。

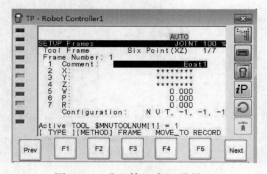

图 1-53　进入第一点记录界面

移动机器人使工具尖端接触到基准点，工具平行于全局坐标 WORLD，如图 1-54b 所示。

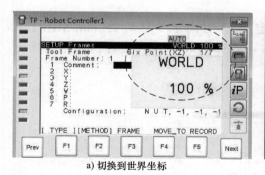
a) 切换到世界坐标

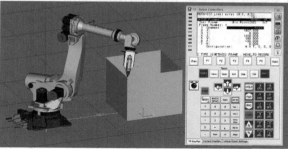
b) 定位第一点

图 1-54　世界坐标系下示教第一点

如图 1-55 所示，按 SHIFT+F5（RECORD）记录当前坐标值 - 松开 SHIFT 键，按 Prev 键退出后 - 如图 1-56a 所示移动光标到 Orient Qrigin Point- 按 SHIFT+F5（RECORD）键记录当前坐标值，完成后如图 1-56b 所示。

即 Approach point 1 与 Orient Qrigin Point 为同一点。

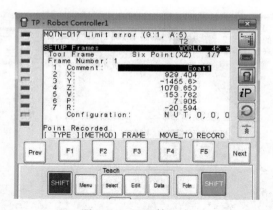

图 1-55　记录第一点

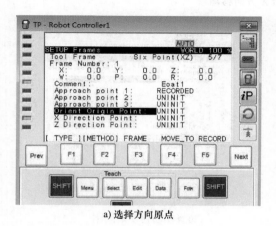
a) 选择方向原点

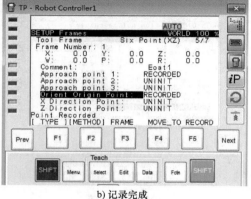
b) 记录完成

图 1-56　记录方向原点

5）定义 +X 方向点。

按 Prev 键退出后 - 如图 1-57 所示，移动光标到 X Direction Point - 用"COORD"键将坐标切换到全局坐标 WORLD-Enter。

如图 1-58 所示，移动机器人使工具沿设定的 +X 方向至少移动 250mm-SHIFT+F5（RECORD）记录当前坐标值，如图 1-59a 所示 - 按 ENTER 可以进去看到具体坐标值，如图 1-59b 所示。

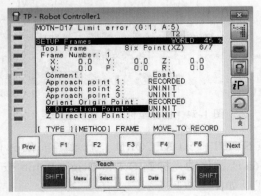

图 1-57 选择 X 方向点

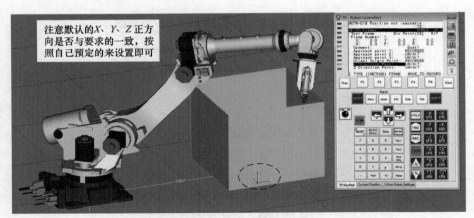

图 1-58 沿 X 方向移动

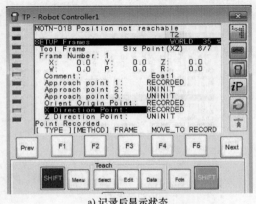
a) 记录后显示状态

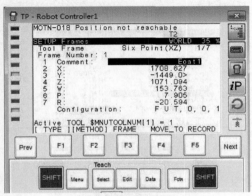
b) 查看 X 方向点具体坐标

图 1-59 记录 X 方向

6）定义 +Z 方向点。

按 Prev 键退出后 - 移动光标到 Orient Origin Point- 按 SHIFT+F4（MOVE_TO）使机器人回到方向原点，如图 1-60 所示。

移动光标到 Z Direction Point（Z 方向点），如图 1-61a 所示 - 在全局坐标 WORLD 下（用"COORD"键将坐标切换到全局坐标 WORLD）移动机器人沿设定的 +Z 方向至少移动 250mm，如图 1-61a 所示 -SHIFT+F5（RECORD）记录当前坐标值。

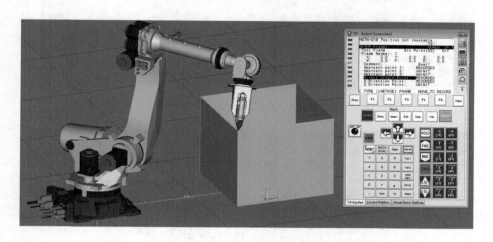

图 1-60　让机器人回到示教原点

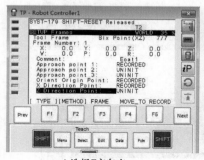

a) 选择Z方向点

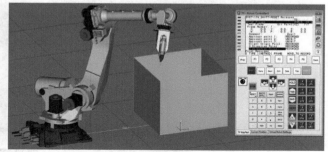

b) 沿Z方向移动

图 1-61　Z 正方向点示教

7）记录接近点 2。

移动光标到 X Direction Point（X 方向点）- 在全局坐标 WORLD 下（用"COORD"键将坐标切换到全局坐标 WORLD）移动机器人沿设定的 +Z 方向移动 50mm 左右，如图 1-62 所示。

移动光标到 Approach point 2（接近点 2）- 用"COORD"键把坐标切换到关节坐标 JOINT- 旋转 J6 轴（法兰面）至少 90°，不要超过 180°，如图 1-63 所示。

用"COORD"键把坐标切换到全局坐标 WORLD – 移动机器人使工具尖端接触到基准点 - SHIFT+F5（RECORD）记录当前坐标值，如图 1-64 所示。

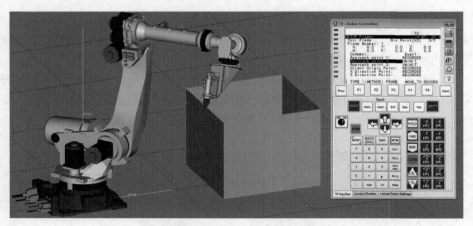

图 1-62　为记录接近点做准备

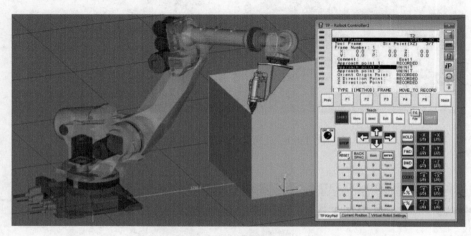

图 1-63　调整姿态

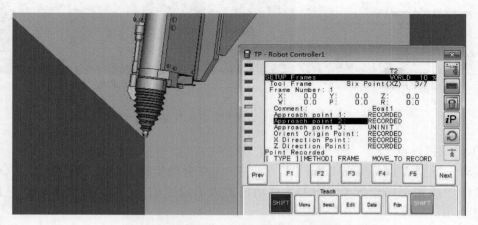

图 1-64　世界坐标系下让机器人对准基准点

8）记录接近点 3。

移动光标到 X Direction Point（X 方向点）- 用 "COORD" 键将坐标切换到全局坐标 WORLD - 移动机器人沿 +Z 方向移动 50mm 左右，沿 +X 方向至少移动 250mm，如图 1-65 所示。

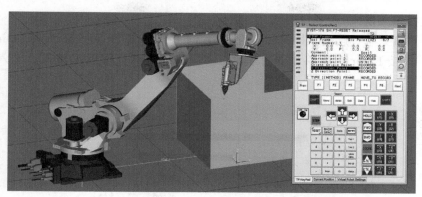

图 1-65 为接近点 3 准备

移动光标到 Approach point 3（接近点 3）- 用"COORD"键将坐标切换到关节坐标 JOINT - 旋转 J4 轴和 J5 轴，不要超过 90°，如图 1-66 所示。

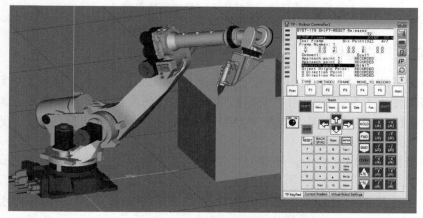

图 1-66 调整机器人姿态

用"COORD"键将坐标切换到全局坐标 WORLD - 移动机器人使工具尖端接触到基准点 - SHIFT+F5（RECORD）记录当前坐标值。完成后如图 1-67 所示。

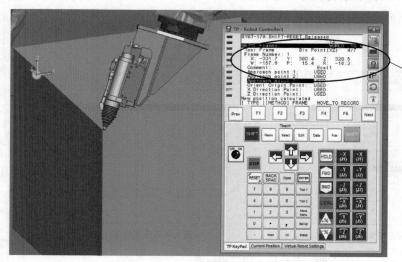

X、Y、Z 数据代表当前 TCP 相对于 J6 轴法兰盘中心的偏移量，WPR 数据代表当前设置的工具坐标系与默认的工具坐标系的旋转量

图 1-67 接近点 3 记录完成

四、直接输入法

步骤 1）~3）与三点法一样，只是在步骤 3）中不选 Three Point 而选"Direct Entry"（直接输入），按 Enter 键后移动光标输入数值，按 ENTER 键确定输入。输入界面如图 1-68 所示。

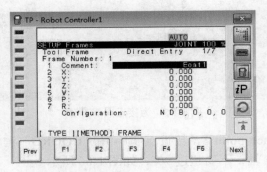

图 1-68　直接输入工具坐标值界面

任务四　建立用户坐标系

用户坐标系的标定（在 ABB 中叫工件坐标）可以适应不同加工环境下进行快速示教定点，为编程带来方便。标定用户坐标系可以实现任何方位的坐标系设定，最多可以设置 9 个用户坐标系，存储于系统变量 $MNUFRAME 中。设置方法有三点法、四点法、直接输入法。下面以三点法为例。

与工具坐标系的建立类似，新建一个工程，进入用户坐标系功能设置界面，具体步骤如下：

1）调出示教器 -MENU 菜单 -SETUP 设定 -F1（TYPE 类型）-Frames 坐标系 -F3（OTHER）- 选择 User Frame（用户坐标），如图 1-69a 所示 - 在图 1-69b 中移动光标到要设置的用户坐标系 -F2（DETAIL 细节）进入设置界面，如图 1-69c 所示。

 提示：每一步用 Enter 键确定。

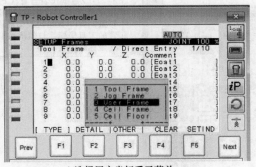

a）选择用户坐标系子菜单

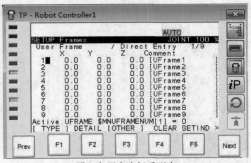

b）进入各用户坐标系列表

图 1-69　选择进入用户坐标系

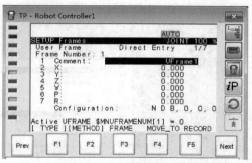

c) 进入用户坐标系1

图 1-69　选择进入用户坐标系（续）

2）按 F2 键（METHOD 方法），选择 Three Point（三点法）-Enter 键确认，如图 1-70 所示。

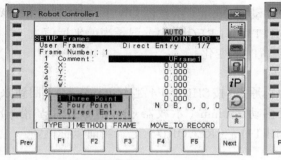

a) 选定方法　　　　　　　　　　　　　　　b) 进入记录界面

图 1-70　选择三点法示教

3）记录坐标原点（Orient Origin Point）。

如图 1-71a 所示，将光标移到 Orient Origin Point- SHIFT+F5（RECORD）记录当前坐标值（用"COORD"键将坐标切换到全局坐标 WORLD 才能进行操作，UNINT 未示教会变成 RECORD 记录完成，见图 1-72）。

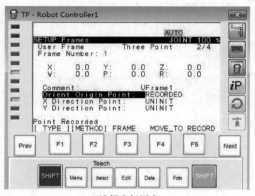
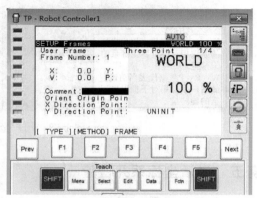

a) 选择坐标原点　　　　　　　　　　　　　b) 世界坐标下记录

图 1-71　记录坐标原点

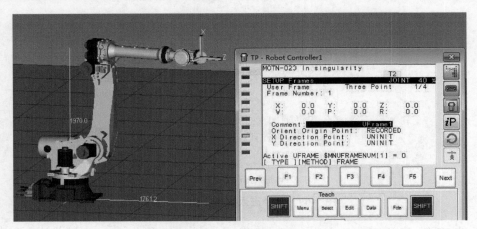

图 1-72　记录原点后的状态

4）记录 X 方向点（ X Direction Point）。

让机器人沿自己希望的 +X 方向至少移动 250mm（示教器 ON 下 -SHIFT-X 沿 −X 方向移动）- 光标移至 X Direction Point，SHIFT+F5（RECORD）记录当前坐标值。

比较机器人处于 Orient Origin Point 位置时的变化。

5）记录 Y 方向点（ Y Direction Point）。

示教器移动光标到 Orient Origin Point 坐标原点 - 按 SHIFT+F4 键（MOVE_TO）回到原点。

让机器人沿自己希望的 +Y 方向至少移动 250mm（示教器 ON 下 -SHIFT-Y 沿 −Y 方向移动）- 光标移至 Y Direction Point，SHIFT+F5（RECORD）记录当前坐标值。

示教完成的状态如图 1-73 所示。

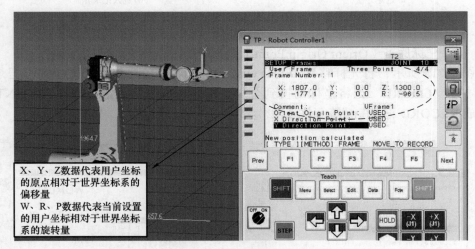

图 1-73　用户坐标示教完成状态

任务五　激活坐标系并检验

一、激活坐标系

方法一：在图 1-40 中选择进入用户坐标系或工具坐标系（激活工具坐标系，则选择

Tool Frame；激活用户坐标系，则选择 User Frame）。在图 1-74 中，按 F5 键（SETIND 设定号码）- 屏幕出现 Enter Frame number 输入坐标系号，本次输入"1"-Enter。

方法二：按 SHIFT+COORD 键，在出现的方框中选择坐标系再输入数字编号（见图 1-75，激活工具坐标，则选择 Tool；激活用户坐标，则选择 User）。

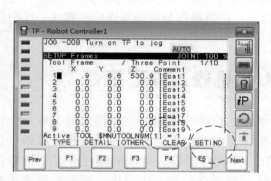

图 1-74 输入要激活的用户坐标号 / 工具坐标号

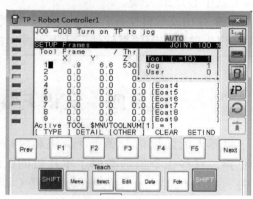

图 1-75 快速选择坐标系

二、检验工具坐标 TCP 位置

1. 检验定位点

用 COORD 键切换成全局坐标（世界坐标 World）- 移动机器人对准基准点 - 示教机器人绕 X、Y、Z 轴旋转（SHIFT+J4 $\pm X$、J5 $\pm Y$、J6 $\pm Z$），检查 TCP 是否符合要求（不符合，则要重新标定）。符合要求，则机器人工具尖端会始终固定不变，只观察到机器人在不断改变姿态。

2. 检验 X、Y、Z 方向

用 COORD 键切换成工具坐标 Tool- 示教机器人沿 X、Y、Z 轴运动（SHIFT+J1 $\pm X$、J2 $\pm Y$、J3 $\pm Z$），检查 TCP 是否符合要求。符合要求，可以观察到机器人运动会平行于所按的示教键对应的轴方向。

三、检验用户坐标系

用 COORD 键切换成用户坐标 User- 示教机器人绕 X、Y、Z 轴运动（SHIFT+J1 $\pm X$、J2 $\pm Y$、J3 $\pm Z$），检查是否有偏差。偏差太大，则要重新标定。

■ 工具坐标或用户坐标标定失败原因分析：

1）示教过程选择的坐标系不对，例如工具坐标标定时应在世界坐标下改变姿态，却在关节坐标下改变姿态；

2）机器人改变姿态时，前后两个姿态改变幅度不够大；

3）机器人要移动一段距离改变姿态时，移动的距离过短；

4）选择参考点后，三点法或六点法实际都是希望与参考点重合，出现其中一个标定点与参考点距离过远。

■ 为何要在全局坐标下示教：

全局坐标即世界坐标，是机器人的默认工作坐标，其他坐标都是相对它来描述的，关节坐标下标定工具坐标和用户坐标是不准确的，关节坐标关注的是每条轴各自的运动，世界坐标关注的是各条轴的配合运动。

■ 工具坐标示教三点法实质：

三点法实际不是指三个点，是机器人三个姿态变化后都能基本指向一个点，目的在于告诉机器人系统，工具怎么变换姿态，其尖端工作点不变，从未把法兰中心点移到工具中心点或尖端。

■ 在仿真软件中操作机器人不会出现碰撞报警的情况，但现场标定要注意防撞，所以建议先熟练应用仿真软件后才上机操作机器人。仿真操作与现场操作的步骤是一样的。

项目四　认识 FANUC 机器人编程指令

机器人的编程指令属于计算机高级指令编程的范畴，不同品牌机器人的编程指令大同小异，有些指令虽然类似于单片机的汇编指令，但编程思维和语句是按照高级指令进行的。ABB 机器人所用的编程语言是 C 语言，FANUC 机器人所用的编程语言是与 C 语言和汇编语言相似的语言。学习编程时，记忆编程指令是第一个层次，根据控制要求画出程序流程图是第二个层次。本项目属于第一个层次，第二个层次将在本书第二部分和第四部分中介绍。

任务一　创建新的程序文件

一、创建新程序的过程

在示教器中按 SELECT 键（程序一览）显示程序目录界面，如图 1-76a 所示，按 F3 键（NEXT）会切换菜单到图 1-77 标记为①的界面，选择 CREAT（新建），程序名开头不能是空格、符号、数字；在图 1-76a 中选中程序 MAIN1-Enter 可以进入图 1-76b 所示的指令编写界面。

在图 1-76b 中，有两种固定程序名称开头（RSR、PNS）作为自动运行模式的选择程序，这两种程序名称必须以 RSR/PNS 开头 +4 位数字程序号组成，这两种程序的选择将在第三部分详细介绍。

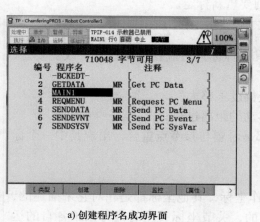

a) 创建程序名成功界面

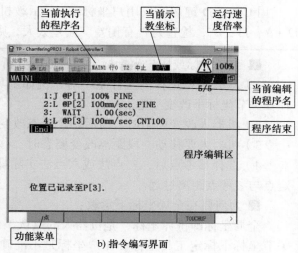

b) 指令编写界面

图 1-76　程序建立界面

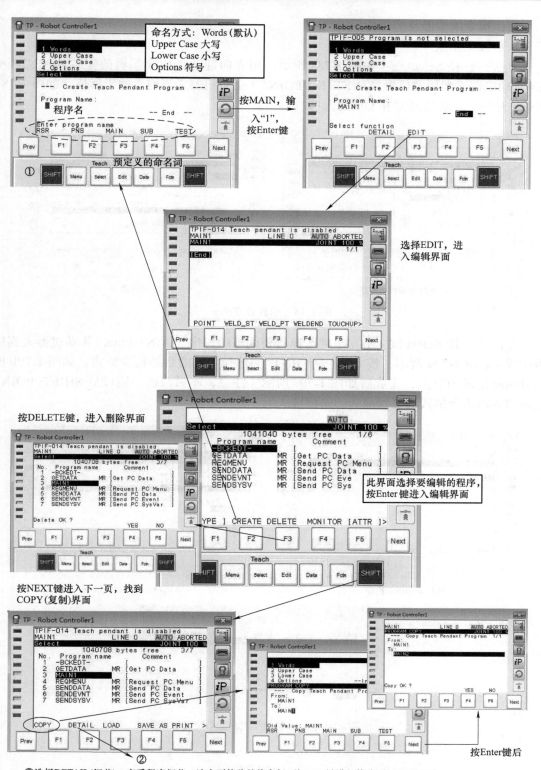

图 1-77 程序的创建与管理

②选择DETAIL(细节),查看程序细节,选中要修改的信息行-按Enter键进入修改-按END键结束

二、指令编辑涉及的操作

1. 示教工作点

方法一：按 Select 键 - 如图 1-78a 所示，用方向键选择所要编辑的程序 MAIN1-Enter- 移动机器人到所需位置 -SHIFT+F1（POINT）记录机器人当前点的坐标值，如图 1-78b 所示（注意，示教器必须在 ON 状态）。

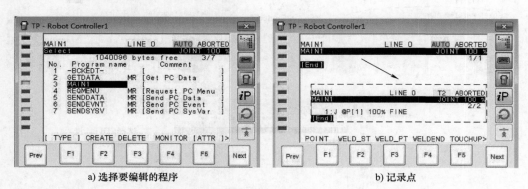

a) 选择要编辑的程序　　　　　　b) 记录点

图 1-78　示教点方法一

方法二：按 Select 键 - 用方向键选择所要编辑的程序 MAIN1-Enter- 移动机器人到所需位置 - 如图 1-79a 所示，按 F1 键（POINT）- 选择合适的运动指令格式，如图 1-79b 所示 -Enter 记录当前点，完成后如图 1-79c 所示（注意，不做修改，则以后 SHIFT+POINT 记录的运动指令格式均是当前选的这种格式）。

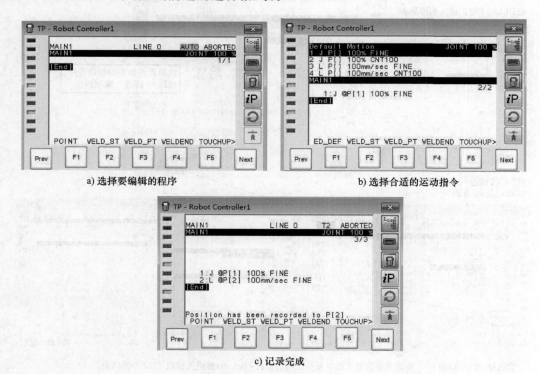

a) 选择要编辑的程序　　　　　　b) 选择合适的运动指令

c) 记录完成

图 1-79　示教点方法二

2. 修改运动指令格式

在编辑界面，如图 1-80a 所示移动光标到需要修改的行 -F1（POINT）- 按 F1 键（ED_DEF 标准指令）将光标移动到需要选择的方式，如图 1-80b 所示 -Enter。完成后如图 1-80c 所示。

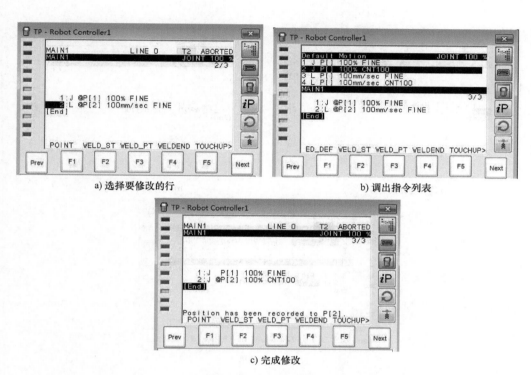

a) 选择要修改的行 b) 调出指令列表

c) 完成修改

图 1-80　修改运动指令

3. 修改位置点

方法一：示教修改

在编辑界面，如图 1-81a 所示，移动光标到需要修改的行 - 示教机器人到新的位置 -SHIFT+F5（TOUCHUP 点修改）。如图 1-81b 所示，出现"@"则更新成功。

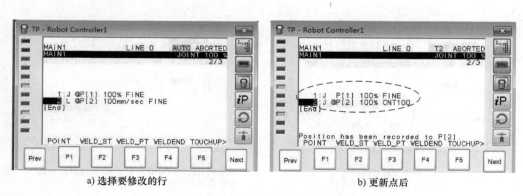

a) 选择要修改的行 b) 更新点后

图 1-81　修改位置点方法一

方法二：直接输入

如图 1-82a 所示，用上下方向键将光标移到需要修改的程序行 - 如图 1-82b 所示，用左右方向键移动光标到位置点编号，界面的按键功能会改变 - 按 F5 键（POSITION 位置）会显示子菜单，如图 1-82c 所示。

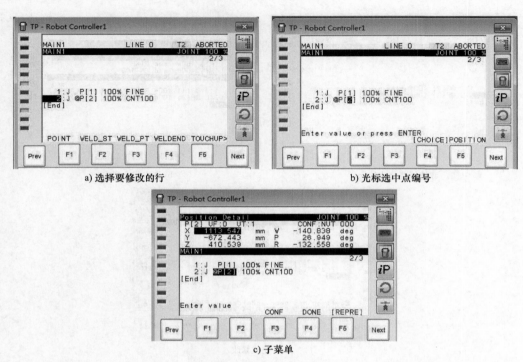

a) 选择要修改的行   b) 光标选中点编号

c) 子菜单

图 1-82   修改位置点方法二

在图 1-82c 中按 F5 键（REPRE 形式）切换到位置数据类型画面（此处选择关节坐标系，则 X、Y、Z、W、P、R 会变成 J1~J6）- 输入要修改的值，按 Enter 键确认 -F4（DONE 完成）。效果如图 1-83 所示。

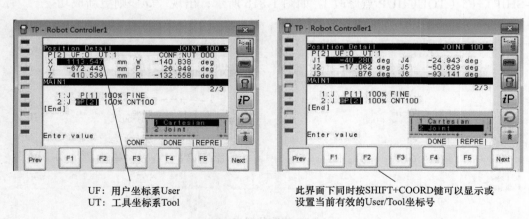

UF：用户坐标系User
UT：工具坐标系Tool

此界面下同时按SHIFT+COORD键可以显示或
设置当前有效的User/Tool坐标号

图 1-83   输入坐标值

注意： 执行程序时，当前有效的工具坐标号与用户坐标号要与 P 点记录的坐标信息一致。

4. 指令的插入、复制、粘贴、删除

在图 1-84a 中，用 Select 键选择所要进入的程序 -Enter- 进入编辑界面（见图 1-84b）后按 Next 键，进入下一页，如图 1-84c 所示 -F5（EDCMD 编辑）- 按照表 1-5 操作实现插入、复制、粘贴、删除等操作。

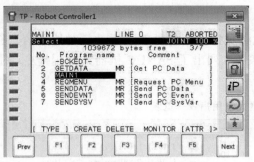
a) 选择要修改的程序

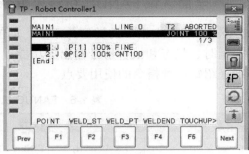
b) 进入编辑界面

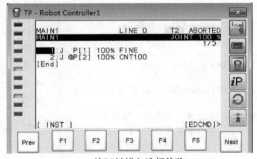
c) 按 F5 键进入选择修改

图 1-84 指令行修改路径

表 1-5 EDCMD 菜单功能

子菜单	使用说明（按示教器 Enter 键确认）
Insert 插入行	在当前光标行的前一行插入空白行（会提示插入空白行的行数）
Delete 删除行	删除当前光标行（可以移动光标选中几行同时删除）
Copy 复制 /Paste 粘贴 /Cut 剪切	Copy/Cut 屏幕下方提示 "Move cursor to select range（移动光标选择范围）" 选择复制 / 剪切几行；粘贴使得粘贴到当前光标行的前面行处（**整个程序文件的复制类似**） 粘贴方式：F2 LOGIC 逻辑，不粘贴位置信息 F3 POS-ID 位置号码，粘贴位置信息和位置号 F4 POSITION 位置资料，粘贴位置信息并生成新的位置号
Find 检索	查找程序元素
Replace 替换	用一个程序元素替换另一个程序元素
Renumber 重新编码	对位置号重新排序
Undo 复原	撤销上一步操作

（续）

子菜单	使用说明（按示教器 Enter 键确认）
Comment 注解	隐藏 / 显示注释，但不能对注释进行编辑。可以进行操作的指令包括：寄存器指令 P、位置寄存器指令 PR、码垛寄存器指令、动作指令的寄存器速度指令、DI/DO、RI/RO、GI/GO、AI/AO、UI/UO、SI/SO
Remark 标记	标记当前程序行，即将当前行开头加上 "//"，暂时屏蔽该行程序不执行。取消则执行相同操作取消标记
图形编辑器	选择此功能，则在有触摸屏功能的示教器上触摸图形进行程序的编辑
命令颜色	使某些命令用彩色显示，增强阅读记忆
I/O 状态	在指令编辑界面中显示 I/O 的实时状态（ON/OFF）

任务二　全面认识 FANUC 机器人指令

FANUC 机器人指令的类型并不多，但能满足机器人各种轨迹运动、对外通信、控制逻辑、延时、状态和报警信号输出等功能。表 1-6 列出了 FANUC 机器人常用指令。下面将详细介绍每一种指令的使用要点。

表 1-6　FANUC 机器人常用指令一览表

序号	名　称	指令符号	举例
1	运动指令	J /C/L　@P[i]　V%　FINE/CNT ACC100	J P[1] 100% FINE L P[2] 2000mm/sec CNT100
2	寄存器指令	R[i]=？　PR[i] PR[i, j] P[ ]	R[1]=R[2]*6 PR[1]=LPOS PR[2, 1]=PR[3,1]+100 L PR[3] 100% FINE
3	I/O 指令	DI[i]　DO[i]　AI[i]　AO[i]	R[1]=D[1]　　DO[2]=OFF
4	IF 条件比较指令	IF< 条件 1>and< 条件 2 or 条件 3>，行为	IF DI[1]=ON,JMP LBL[1] IF R[1]<=3 AND DI[1]<>ON,CALL TEST2
5	SELECT 条件选择指令	SELECT R[i]=R[i] 或常数，行为 1 　　　　=R[i] 或常数，行为 2 　　　　…… 　　　　ELSE，JMP LBL[i]	SELECT R[1]=1，CALL TEST1 　　　　=2，JMP LBL[1] 　　　　ELSE，JMP LBL[2]
6	WAIT 等待指令	WAIT variable operator value,Processing	WAIT DI[1]=ON
7	JMP 跳转指令	JMP LBL[i]	JMP LBL[1]
8	CALL 呼叫指令	CALL 程序名	CALL TEXT1
9	OFFSET CONDITION 偏移条件指令	OFFSET CONDITION PR[i]	L P[2] 500cm/sec FINE offset,PR[1]
10	UTOOL_NUM 工具坐标系调用指令	UTOOL_NUM=i　i 的范围：1~10	UTOOL_NUM=2
11	UFRAME_NUM 用户坐标系调用指令	UFRAME_NUM=I　i 的范围：0~9	UFRAME_NUM=1
12	For 指令	For R[i]= 初始值　TO 目标值	For R[1]=1 TO 5 …… ENDFOR
13	其他指令	用户报警指令 UALM[i] 时钟指令 TIMER[i] 运动速度指令 OVERRIDE=V% 注释指令！（remaik）： 消息指令 Message[message]	TIMER[1]=STOP OVERRIDE=10% Message[Wrong]

一、运动指令

1. 运动指令介绍

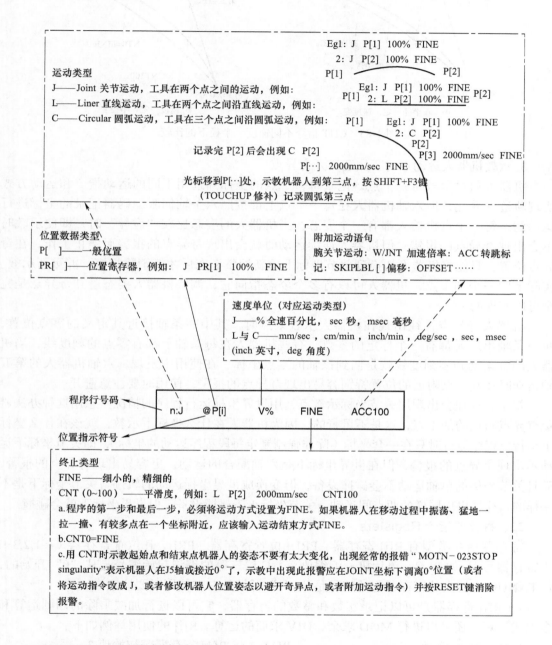

运动类型
J——Joint 关节运动，工具在两个点之间的运动，例如：
L——Liner 直线运动，工具在两个点之间沿直线运动，例如：
C——Circular 圆弧运动，工具在三个点之间沿圆弧运动，例如：

Eg1: J P[1] 100% FINE
2: J P[2] 100% FINE

P[1] ⌒ P[2]

Eg1: J P[1] 100% FINE
P[1] 2: L P[2] 100% FINE P[2]

P[1]   Eg1: J P[1] 100% FINE
          2: C P[2]
          P[2]
          P[3] 2000mm/sec FINE

记录完 P[2] 后会出现 C P[2]
P[…] 2000mm/sec FINE

光标移到 P[…] 处，示教机器人到第三点，按 SHIFT+F3 键
（TOUCHUP 修补）记录圆弧第三点

位置数据类型
P[ ]——一般位置
PR[ ]——位置寄存器，例如：J PR[1] 100% FINE

附加运动语句
腕关节运动：W/JNT 加速倍率：ACC 转跳标记：SKIPLBL[ ] 偏移：OFFSET……

速度单位（对应运动类型）
J——% 全速百分比，sec 秒，msec 毫秒
L 与 C——mm/sec，cm/min，inch/min，deg/sec，sec，msec
(inch 英寸，deg 角度)

程序行号码

位置指示符号

n:J @P[i] V% FINE ACC100

终止类型
FINE——细小的，精细的
CNT（0~100）——平滑度，例如：L P[2] 2000mm/sec CNT100
a.程序的第一步和最后一步，必须将运动方式设置为FINE。如果机器人在移动过程中振荡、猛地一拉一撞，有较多点在一个坐标附近，应该输入运动结束方式FINE。
b.CNT0=FINE
c.用CNT时示教起始点和结束点机器人的姿态不要有太大变化，出现经常的报错"MOTN－023STOP singularity"表示机器人在J5轴或接近0°了，示教中出现此报警应在JOINT坐标下调离0°位置（或者将运动指令改成J，或者修改机器人位置姿态以避开奇异点，或者附加运动指令）并按RESET键消除报警。

2. CNT、FINE 过渡方式的区别

CNT 是带圆弧的过渡，FINE 是带尖角的过渡，CNT0 与 FINE 等效。在生产实际应用中发现，追求快速焊接时使用 CNT 较好，FINE 的过渡让每一个点产生停顿，就算是直角焊缝的焊接用 CNT 带一定弧度让焊枪调整姿态对准焊缝也一样可以在转角处焊接良好。CNT 在不同速度和半径下的过渡区别如图 1-85 所示。

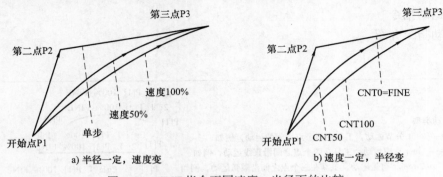

图 1-85　CNT 指令不同速度、半径下的比较

3. 示教机器人运动点时要注意避开奇异点

机器人通过示教每一个点，记录每一个点的坐标并选用不同的运动指令和运动方式实现轨迹的变化，但六轴机器人在每一个点上都按照六条轴伺服编码器记录的坐标进行运动的，每一个点机器人都有一个姿态。当机器人的姿态比较"诡异"时，即便示教时不会出现奇异点的报错，但机器人连续运动时就会出现奇异点的报警而停止工作。在奇异点位置，只能将机器人切换到关节坐标下重新调整姿态后才能消除报警，并重新示教。实际上同一个加工点，机器人可以有多个姿态指向它，调整机器人姿态避开奇异点是完全可以实现的。

机器人奇异点往往出现在机器人示教某点时，其中一条轴接近其定义的零点位置，每一条轴出厂时都有一个标定的零点，有些机器人在每条轴上都有零点的刻度线，当机器人的轴运动到零刻度线就是回到该轴的零点坐标。在使用中发现，六轴机器人的第五轴运动时在其零点附近的位置特别容易出现奇异点的报警，使用时要注意避开。

初学者往往会出现用关节坐标示教点，用世界坐标运行程序的情况。想用这种办法避免奇异点附近的加工点，这是不可行的，因为机器人在什么坐标下示教，就该在什么坐标下运行。程序运行时只在一套坐标（除非强制制定每段程序运动的坐标），即关节坐标下运动不出现奇异点的报警，但在世界坐标下是六轴配合的运动，更容易出现奇异点的报警，而且关节坐标的单轴运动不会碰撞设备，但变换成世界坐标运动的轨迹与关节坐标下是不一样的，往往出现同样的两点间运动，关节坐标下不碰撞设备，但世界坐标下就会碰撞。

二、寄存器指令 Registers

寄存器指令类型有 R[i] 寄存器、PR[i] 位置寄存器、PR[i, j] 位置寄存器（i=1,2,3… 为寄存器号）。如 PLC、单片机、汇编语言、C 语言等的编程起始编号是从 "0" 开始的，但 FANUC 机器人的寄存器起始编号是从 "1" 开始的，在使用时要注意。

1）R[i] 寄存器是可以记录实数和整数的寄存器，它可以进行加减乘除的四则运算和多项式运算，还可以进行 MOD 求余、DIV 求商的运算。R[i] 的使用举例如下：

例如：R[i]= 常数　　　　　　　　R[1]=3 将 R[1] 寄存器赋初始值 3

R[i]= R[i] 寄存器值　　　　　　R[2]=R[3] 将 R[3] 的值赋给 R[2]

R[i]= DI[i] 输入信号状态　　　　R[2]=DI[101] 将输入端口 DI[101] 的状态 0/1 赋给 R[2]

R[i]= Timer[i] 程序计时器值　　R[2]=Timer[1] 将程序段本次运行的监控时间赋给 R[2] 保存

2）P[i] 一般位置数据寄存器，i 的编号从 1 开始，拥有记录机器人示教的每一个点，它记录每一点是机器人六条轴的坐标值。

例如：J P[1] 80% FINE 以关节运动方式，在 80% 的速度下运动到 P[1] 点，以 FINE 方式停止。

3）PR[i, j] 位置寄存器，可以明确定义是哪一个位置寄存器中哪一条轴的坐标值。

例 1：PR[i, j] 中 i 表示第 i 个寄存器，j 表示不同坐标系下的六条轴；

　　　PR[1, 5] 表示第 1 个位置点中机器人第 5 轴的坐标值。

例 2：PR[6] 各轴的值

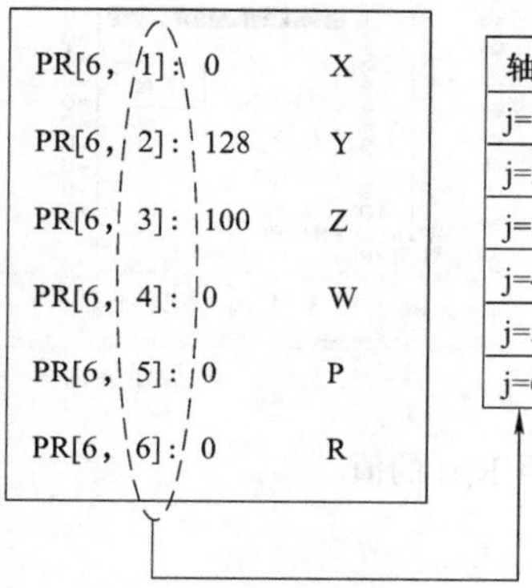

轴	LOPS 直角坐标	JPOS 关节坐标
j=1	X	J1
j=2	Y	J2
j=3	Z	J3
j=4	W	J4
j=5	P	J5
j=6	R	J6

PR[6, 1]: 0　　X
PR[6, 2]: 128　Y
PR[6, 3]: 100　Z
PR[6, 4]: 0　　W
PR[6, 5]: 0　　P
PR[6, 6]: 0　　R

J PR[6] 100% FINE 表达以关节坐标运动到第六个点，与 J P[6] 100% FINE 不一定等效，因为 PR[6] 是一个寄存器的值，P[6] 是现场示教记录的点，两者相同才是等效。

PR[6] 表示寄存器 6 的所有轴的数据，PR[6, 5] 只代表 PR[6] 中第五轴的数据。

4）用示教器查看寄存器的值。

① 查看寄存器 R[i] 的值。

在图 1-86a 中按示教器 "Data" 资料键 - 进入图 1-86b 按 F1 键（TYPE）- 在图 1-86c 中移动光标选择 Registers 寄存器计算指令 - Enter- 进入图 1-86c，可以输入注释和值 -Enter 确认输入。

② 查看位置寄存器 PR[i] 的值与图 1-86 类似，在图 1-86c 中选择 Position Reg 位置寄存器指令，图 1-86d 会变成图 1-87 显示的界面，* 表示未记录，R 表示已记录具体数据。

5）在程序中插入寄存器指令的方法。

在程序编辑界面（按示教器 Select 键 - 选择合适程序 MAIN1-Enter），如图 1-88a 所示 -Next- 找到 F1 键（INST 插入指令），如图 1-88b 所示 - 如图 1-88c 所示选 Rsgisters-Enter- 如图 1-88d 所示选择所需格式（示教器要在 ON 状态）-Enter。

在运动指令中加入 PR[i] 方法：在图 1-88h 中用 CHOICE 键进入 -Enter 确定选择的类型。

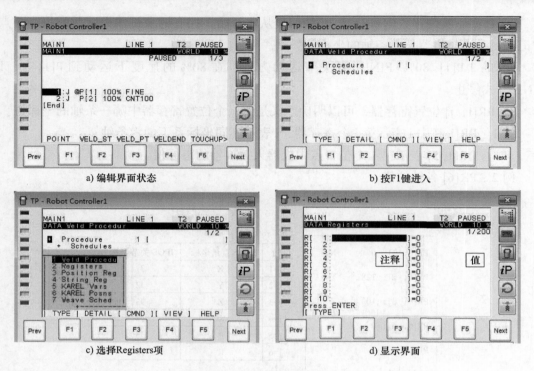

a) 编辑界面状态　　　　　　　　　　b) 按F1键进入

c) 选择Registers项　　　　　　　　　　d) 显示界面

图 1-86　查看 R[i] 的值

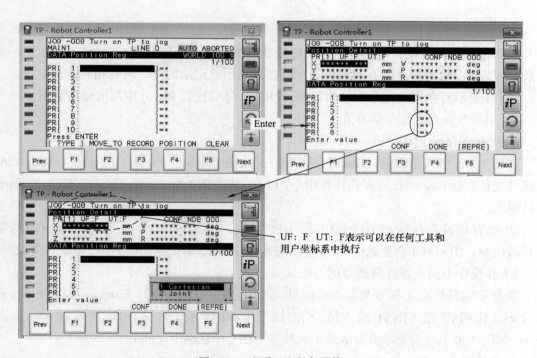

图 1-87　查看 PR 寄存器值

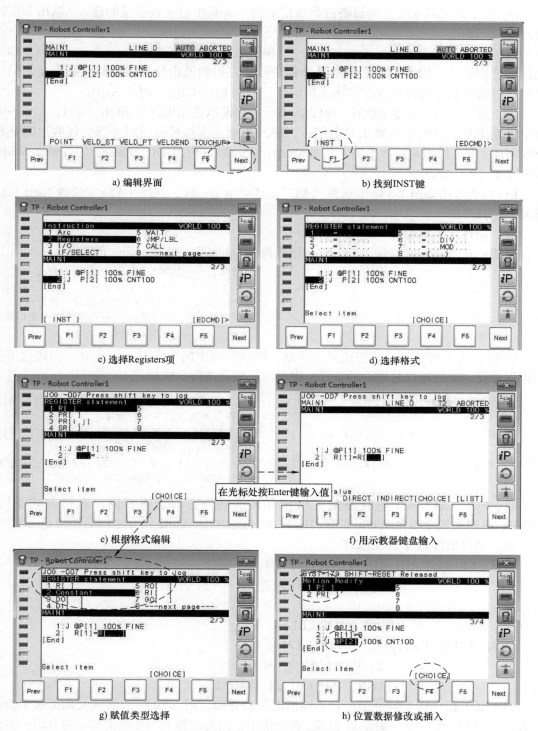

a) 编辑界面　　　　　　　　　　　　b) 找到INST键

c) 选择Registers项　　　　　　　　　d) 选择格式

e) 根据格式编辑　　　　　　　　　　f) 用示教器键盘输入

g) 赋值类型选择　　　　　　　　　　h) 位置数据修改或插入

图 1-88　插入寄存器指令的方法

三、I/O 指令

I/O 指令是机器人与外部设备进行通信的指令，其中包括数字量的输入/输出和模拟量的输入/输出。

数字量输入指令 DI[i]（i=1，2，3…）和模拟量输入指令 AI[i]（i=1，2，3…）都不允许给它们赋值，因为它们采集的是外部信号，它们的值由外部信号的状态决定，但可以将它们赋给 R[i] 寄存器保存每次采集的值。例如 R[i]=DI[i]，R[i]=AI[i]。

对于数字量输出指令 DO[i]（i=1，2，3…）和模拟量输出指令 AO[i]（i=1，2，3…），数字量输出外部接收电路要求是电平相当的开关量，模拟量输出时外部的接收电路是相应的电压/电流模拟量接收电路。例如 DO[i]=ON 或 OFF；DO[i]=Pulse，（Width）Width 脉冲宽度（0.1~25.5s）。

I/O 插入方法如图 1-88c 中选择" I/O"，其他指令一样，在图 1-88c 中选择 Next 可以看见下一页的指令。

四、条件比较指令 IF

格式：

IF	variable 变量	operator 运算符	value 值	Processing 行为
	R[i]	> >=	常数	JMP LBL[i] 跳转到标号处
	I/O	< <=	R[i]	Call 子程序名
		= <> 不等于	ON	（子程序与普通程序一样存放在
			OFF	某个地方，不需像单片机编程那样
				用 RET 结束）

IF 指令用于判断条件是否成立，成立，则执行指定的程序段；不成立，则跳过不执行该程序段。条件可以是单一的条件，也可以是复合条件。例如：

IF R[1]<9，JMP LBL[1]	如果 R[1] 小于 9，则跳转到标号为 LBL[1] 的该行执行，否则执行下一行程序
IF R[1]<9 AND DI[102]=ON CALL lzq	如果 R[1] 小于 9 且 DI[102] 有输入信号，则调用子程序 lzq，否则执行下一行程序
IF R[1]<9 OR DI[102]<>ON CALL lzq	如果 R[1] 小于 9 或 DI[102] 没有输入信号，则调用子程序 lzq，否则执行下一行程序

IF、FOR、SELECT 的程序是可以相互转换的，它们逻辑相同，表达方式不同。FANUC 机器人指令不含 While 指令，IF、FOR、SELECT、While 指令之间的逻辑是一致的。

五、条件选择指令 SELECT

格式：SELECT R[i]=R[i] 或常数，行为 1

=R[i] 或常数，行为 2

……

ELSE，JMP LBL[i]

例如：SELECT R[1]=1，CALL TEST1 子程序 1

=2，JMP LBL[1] 标号 1

ELSE，JMP LBL[2] 标号 2

SELECT 指令用于同一个变量不同情况下的处理。图 1-89 所示是插入 SELECT 指令的方法。SELECT 指令一般配对 ELSE 指令使用，因为逻辑上当变量值都不符合时，需要有统一的处理方案。

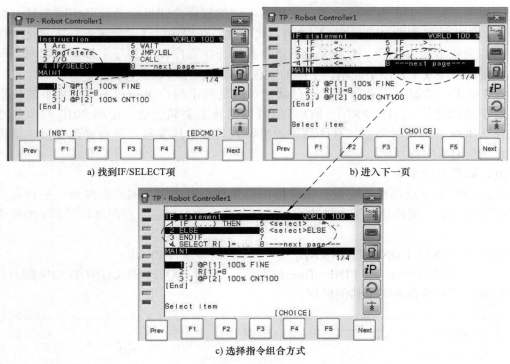

a) 找到 IF/SELECT 项   b) 进入下一页

c) 选择指令组合方式

图 1-89 插入 SELECT 指令的方法

六、等待指令

格式：WAIT   variable 变量   operator 运算符   value 值   Processing 行为
　　　　　　　常数

variable	operator	value	Processing
R[i]	> >=	常数	无
AI/AO 模拟信号	< <=	R[i]	TIMEROUT LBL[i] 定时满到标号 i 处执行
GI/DO 群组信号	= <>	ON	
DI/DO I/O 信号		OFF	
UI/UO 系统信号			

例如：WAIT DI[1]=ON

当程序遇到不满足条件的等待语句会一直在该行等待，若要人工干预，可以按 FCTN 键 - 选择子菜单的 RELEASE WAIT 解除等待，跳过此行停顿的等待语句，并在下一个语句中等待。

七、跳转 / 标签指令 JMP/LBL

格式：标签指令 LBL[i : Comment]　i 范围 1~32766　Comment 注解最多 16 个字符
　　　跳转指令 JMP LBL[i]

跳转指令可以配合判断指令使用，跳转到哪个程序行向下执行由 LBL[i] 指定，LBL[i] 标号在同一程序段中不能重复。

八、呼叫指令

格式：CALL Program 程序名

例如：CALL TEXT1

CALL 指令一般用于子程序的调用，一个机器人系统一般只有一个主程序，但可以有多个子程序，同一个子程序可以多次调用。不同的程序之间可能会涉及相同变量名称的使用，例如相同名称的 R[i]、PR[i]、P[i]，此时就要在程序设计时分清哪些变量是全局变量，哪些变量是局部变量。全局变量下整个程序（主程序＋子程序）都会受影响，局部变量值在主程序或子程序中使用，不同的主程序与子程序可以重复使用。

在 FANUC 机器人中 P[i] 位置寄存器记录的是制定用户坐标和工具坐标下的位置数据，属于局部变量；R[i]、PR[i]、I/O 口的数据则属于全局变量，使用 PR[i] 时要注意它是在什么坐标下记录的数据。有些品牌的机器人只有全局变量，没有局部变量，编程时要注意变量编号的规划。

九、偏移条件指令

此指令将原来点偏移一定量，偏移值由位置寄存器决定，偏移条件指令一直有效直到程序结束或下一偏移条件指令被执行。偏移条件指令只对包含有附加运动的 offset 语句有效。

格式：OFFSET CONDITION PR[i]　　　　偏移条件 PR[i]
　　　　L P[2] 500cm/sec FINE offset,PR[1]　　等同于 OFFSET CONDITION PR[1]
例如：不带偏移和带偏移的区别。

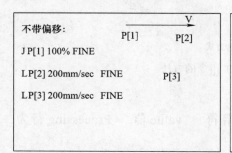

L P[2] 500cm/sec FINE offset 不能改成 J P[1] 100% FINE offset，否则无效，因为偏移是相对直线的偏移。

在上面例子中，P[2]′ =P[2]+PR[1]，PR[1] 的值如下：

PR[1]：X　50
　　　　Y　0
　　　　X　0
　　　　W　0
　　　　P　0
　　　　R　0

PR[1] 的 X 方向为正 50，P[2]′ 的 X 方向在 P[2]X 方向的基础上平移 50mm。在以上例子中看到，一段程序开头为 "OFFSET CONDICTION PR[i]"，后面的指令如 "L P[i] 200mm/sec FINE offset"，offset 没有指定用哪个寄存器偏移就默认用开头指定的 PR[i]，除非每行单独指定，如下：

```
OFFSET CONDICTION PR[1]
J P[1] 100% FINE
L P[2] 200mm/sec FINE offset            默认用 PR[1] 偏移
L P[3] 200mm/sec FINE offset, PR[2]     指定用 PR[2] 偏移，不用默认的
```

十、工具坐标调用指令

当程序执行完此指令后，系统自动激活指令所用的坐标系。

格式：UTOOL_NUM=i（工具编号 i 范围：1~10）

例如：UTOOL_NUM=2

指令调入方法：在程序界面 - 按 NEXT 键，进入下一页 - 在图 1-90a 中按 F1 键（INST 插入）- 光标选择 next page 两次，如图 1-90b、c 所示 -Enter- 光标在 OFFSET CONDI-TION 上，如图 1-90d 所示 -Enter- 选择 UTOOL_NUM-Enter（示教器此时必须为 ON 状态）- 如图 1-91 所示，输入工具坐标号 -Enter 确认。

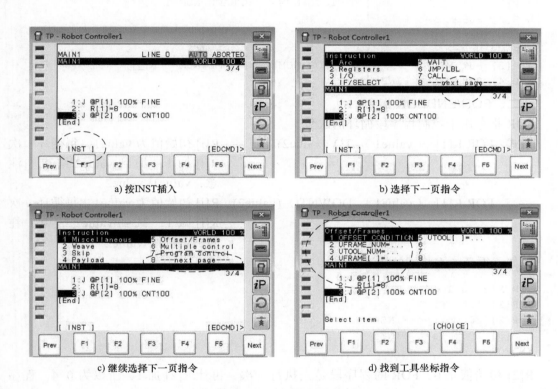

a) 按INST插入   b) 选择下一页指令

c) 继续选择下一页指令   d) 找到工具坐标指令

图 1-90　插入工具坐标的方法

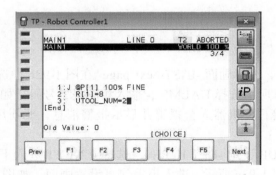

图 1-91　输入要使用的工具坐标号

十一、用户坐标系调用指令

当程序执行完此指令后，系统自动激活指令所用的坐标系。

格式：UFRAME_NUM=i（工具编号 i 范围：0~9）

例如：UFRAME_NUM =0

指令调入方法：与 UTOOL_NUM 指令类似。

程序中不同程序段可以指明使用不同的用户坐标和工具坐标，例如：

```
UTOOL_NUM=1
UFRAME_NUM=1
J P[1] 80% FINE            在 UTOOL_NUM=1、UFRAME_NUM=1 下运行
L P[2] 200mm/sec FINE
UTOOL_NUM=2
UFRAME_NUM=2
J P[3] 80% FINE            在 UTOOL_NUM=2、UFRAME_NUM=2 下运行
L P[4] 200mm/sec FINE
```

十二、FOR/ENDFOR 指令

FOR 指令用于控制程序段循环的次数。

格式：FOR R[1]=（value1） TO (value2)　　R[i] 初始值为 value1，每循环一次 R[i] 加 1，加到 value2 结束。注意，value1<value2

FOR R[1]=（value1） DOWNTO (value2)　　R[i] 初始值为 value1，每循环一次 R[i] 减 1，减到 value2 结束。注意，value1<value2

例如：循环 5 次相同的轨迹

```
FOR R[2]=0 TO 4
J P[1] 100% FINE
L P[2] 200mm/sec FINE
L P[3] 200mm/sec FINE
ENDFOR
```

R[2] 初始值是 0，FOR 的程序段是先执行一次，再让 R[2] 加 1，所以为 0~4，程序段执行了 5 次，使用 FOR 指令时计算循环次数是一个易错点。

十三、其他指令

1. 用户报警指令

格式：UALM[i]

指令调入方法：

在如图 1-92a 所示，编辑画面 -INST-next page- 在图 1-92b 中选择 Miscellaneous 其他指令 -Enter- 如图 1-92c 所示选择 UALM[ ]- 输入相应报警号码，如图 1-92d 所示。

程序运行到此报警行，机器人会报警并显示报警消息，要使用此指令首先要设置报警信息，设置方法如下：

MENU 菜单 -SETUP 设定 -F1（TYPE）- 选择 0 NEXT 进入下一页菜单 -User Alarm 使用者定义异常，如图 1-93c 所示 - 进入报警信息设置画面，如图 1-93d 所示 - 例如选择报警号 1-Enter- 输入 "Notice" 注意（要结合方向键来输入一个字母向右移动一个位）。

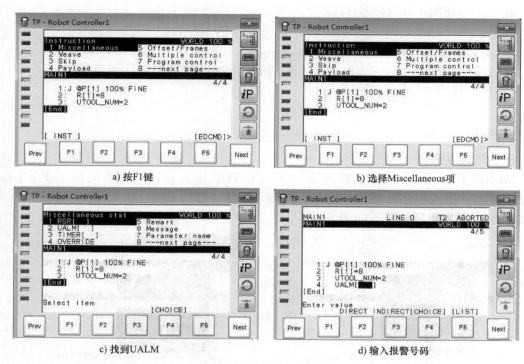

图 1-92　报警指令的插入方法

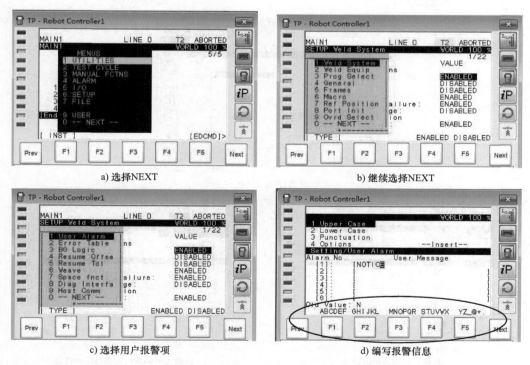

图 1-93　报警信息编写的进入方式

2. 时钟指令

格式: TIMER[i]　i 时钟号

例子:

```
TIMER[1]=RESET              计数器清零复位
TIMER[1]=STARE              计数器开始计时
J P[1] 100% FINE
L P[2] 200mm/sec FINE
......
TIMER[1]=STOP               计数器结束计时
```

指令调入方法:

MENU 菜单 - 选择 NEXT 进入下一页 -STATUE 状态 -F1（TYPE 类型）-Prg Timer 程序计数器，进入程序计数器一览显示画面 - 选择一行后 Enter- 输入要显示的信息，如 "HELLO"。设置路径如图 1-94 所示。

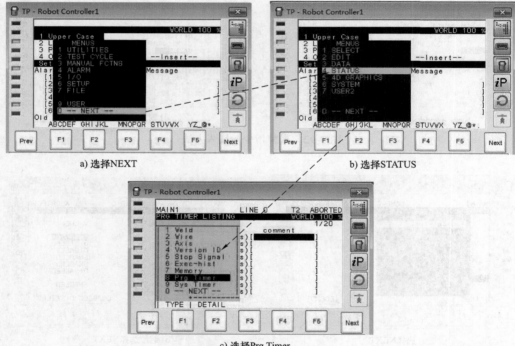

a) 选择NEXT

b) 选择STATUS

c) 选择Prg Timer

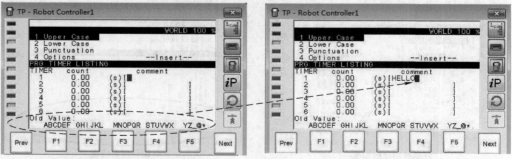

d) 选定要编辑的时钟号

e) 输入时钟有效时要显示的信息

图 1-94　时钟指令信息的输入方法

使用时钟指令时，要在图 1-92c 中选择 TIMER 输入计数器类型和按图 1-95 输入满足计数值，则执行相应的动作：START 开始 /STOP 停止 /RESET 复位。

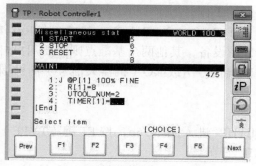
a) 选择运行模式

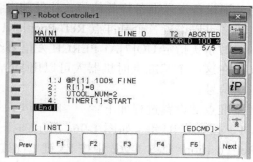
b) 选择START

图 1-95　时钟指令运行

3. 运动速度指令

格式：OVERRIDE=V%　V 的范围：1~100

例子：

```
OVERRIDE=10%
J P[1] 100% FINE
L P[2] 200mm/sec FINE
```
} 指令指定的运动速度无效，限制在机器人全速的 10% 下运动

```
OVERRIDE=20%
L P[3] 200mm/sec FINE
J P[4] 80% FINE
......
```
} 指令指定的运动速度无效，限制在机器人全速的 20% 下运动，不指明，以下运动指令都按这个速度执行

4. 注释指令

格式：!（remaik）最多写 32 个字符

例子：!　This is make of lzq

5. 消息指令

格式：Message[message]　最多写 24 个字符

例子：Message[You are successful]

程序执行到此行，屏幕会弹出消息画面并显示内容，但不会返回程序界面，要按"EDIT"键才能返回。相当于屏保，可以作程序功能的介绍。在设定菜单 SETUP 中可以设置不让消息界面弹出，但消息仍会记录。

6. 参数指令

参数指令可以改变系统变量的值，也可以将系统变量值读到寄存器中。

格式：$(参数名)=value　参数名手动输入，value 为 R[i]、PR[i]、常数

　　　Value=$(参数名)

例子：$SHELL_CONFIG.JOB_BASE=100

　　　R[1]= $MUNTOOL[1]

机器人的编程指令不只是表 1-6 所列的常用指令，根据所配的焊接系统、码垛系统、搬运系统等会有相应的配套指令。

任务三　定义基准点 Ref Position

基准点往往是机器人停止等待启动命令再开始工作的一个位置，在此位置机器人可以向外围设备发送准备好的信号，让外围设备开始工作。

最多可以设置三个基准点 Ref Position1、Ref Position2、Ref Position3，在 Ref Position1 时系统指定 UO[7]AT PERCH 发信号给外围设备，其他两个基准点则需要用户自己定义。在这三个基准点时机器人可以用 DO（输出信号）或 RO（机器人信号）向外围设备发送信号。

基准点的设置过程如下：

1）按 MENU 键 - 如图 1-96a 所示选择 SETUP- 进入图 1-96b，按 F1 键（TYPE）选择 Ref Position- 在图 1-96c 中按 F3 键（DETAIL 细节）。

2）完成步骤 1）后按 Prev 键进入，如图 1-96c 所示，按 F4 键（ENABLE 有效）、F5 键（DISABLE 无效）设置基准点有效 / 失效。

在图 1-96c 中，按 F3 键进入基准点的详细设置界面（见图 1-97）进行详细设置。

a) 选择启动SETUP

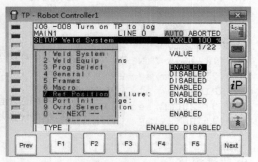

b) 选择进入基准点Ref Position

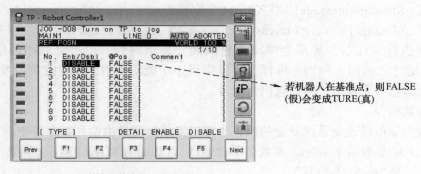

c) 基准点状态显示界面

图 1-96　进入基准点设置界面

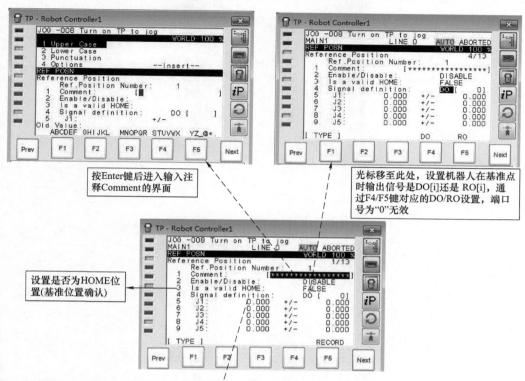

按Enter键后进入输入注释Comment的界面

光标移至此处，设置机器人在基准点时输出信号是DO[i]还是 RO[i]，通过F4/F5键对应的DO/RO设置，端口号为"0"无效

设置是否为HOME位置(基准位置确认)

光标移至J1~J5位置，示教机器人到基准点后-SHIFT+F5（RECORD）记录下来

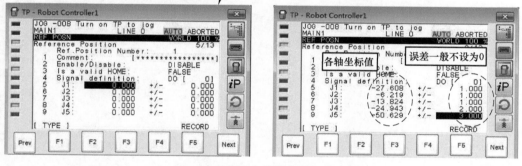

各轴坐标值

误差一般不设为0

图 1-97　基准点的详细设置信息

第二部分 精通编程指令的应用 2

从动作来看，机器人的运动无非是完成一系列的轨迹，总结机器人的基本编程，是"直线＋圆弧＋通信＋流程控制"。本章从简单的机器人轨迹编程出发，深入学习 FANUC 机器人指令的应用，其中涉及的程序流程算法是常用的算法，读者在使用其他品牌的机器人时可以根据算法转换为相应的指令，不同品牌的机器人均包含了直线、圆弧、通信、流程控制的指令。

机器人的程序面向机器人要完成的工作任务，在企业生产中安全因素要放在第一位，其次是追求工作效率的最大化，因此机器人编程不是单纯完成任务就可以了，在动手编程前要分析可能出现的意外情况和要避免的危险因素，寻求机器人最优的工作路径和最大的工作速度，让机器人能真正提高生产效率，降低企业成本。

项目一　机器人位置和轨迹编程

机器人的运动轨迹都可以用"直线"和"圆弧"两种轨迹去逼近，本项目从一只公鸡的简笔画出发介绍机器人轨迹编程中实际需要考虑的问题。在第二部分编程中，读者先理解 DI 信号是机器人的外部开关或传感器输入信号，DO 信号是机器人输出给外部设备的控制信号；在第三部分将详细介绍机器人的 I/O 信号及其应用。

任务一　简笔画与涂胶编程

任务要求： 机器人从 HOME 点出发，接收到起动信号 DI101 后，开始对图 2-1 所示公鸡简笔画进行涂胶，DO101 是喷枪的起停控制信号。机器人完成一次工作后回到 HOME 点自动停止。

图 2-1　公鸡简笔画

项目分析（最简、最短路径）：要寻求机器人的最高工作效率，在机器人的运动轨迹上应尽可能少断续点，机器人运动轨迹应尽可能连续。经过分析，图 2-2 所示是完成涂胶过程的轨迹分析，图 2-2a 在鸡冠选取从 P2 点出发顺时针"绘制"鸡冠后再从 P2 点→P13 点"绘制"鸡身，可以让鸡冠、鸡身都从 P2 点开始，既保持了动作的连续，也不会让机器人频繁起停喷枪。所以公鸡简笔画的喷涂顺序是：鸡冠→鸡身→鸡嘴→眼睛→爪→翅膀→尾巴。在图 2-2b 绘制爪中 P20、P21 本身就是绘制鸡身时的定位点，重复利用 P20、P21 是为了让机器人的定点更少，减少编程定点的工作量。

a) 冠、嘴、身的定点 b) 眼、爪、翅的定点

c) 尾的定点

图 2-2　公鸡简笔画轨迹定点

在实际工作中，喷枪离工作台的高度应保持一致，否则线条会粗细不一。读者在练习中可以让机器人夹持水性笔在白纸上先绘制一次简笔画，练习定点的准确性。

在图 2-2 中，P1、P24、P34、P36、P45、P53、P63 都是逼近点，逼近点是机器人真正工作点上方或附近可以用直线命令准确运动到工作点的一个预设点。设置逼近点的目的是为了让起始工作点准确，也为了让机器人的工作幅度不会变化太大而产生报警或碰撞。逼近点的设置是经常用到的，在编程中逼近点与起始工作点间一般用直线运动 L 命令，用关节运动 J 命令有时是不能准确运动到起始点的，因为关节运动是单轴运动，直线运动是多轴配合运动。

对于一些带有弧度的短小距离轨迹，如图 2-2b 所示的鸡爪，可以利用直线指令的CNT 过渡方式，结合机器人的运动速度来实现，也可以采用圆弧指令，但定义的点就会多一些。

在绘制圆弧中可以用 C 指令和 A 指令，C 指令和 A 指令都是三点画弧，每段弧不能超过 180°，C 指令与 A 指令的区别在于 C 指令以上一条指令的结束点作为起点，A 指令指定哪三个点画弧，一段弧必须有三个 A 指令出现，否则会报错；C 指令画弧时的速度只能指定一个，A 指令可以分别指定每两点间画弧的速度。连续画多段弧时，用 A 指令比较方便。

指令分析：

```
1 :     UFRAME_NUM=1              指定使用用户坐标 1
2 :     UTOOL_NUM=1              装上喷枪后使用示教了的工具坐标 1
3 :     OVERRIDE=30%            调试时限速 30%，实际运行可以删除此行
4 :     J P[1:HOME] 100% FINE    机器人原始点 HOME
5 :     WAIT DI[101]=ON          起动信号为 "1-ON" 时机器人开始动作
6 :     L P[2] 200mm/sec FINE    P2 起始点
7 :     DO[101]=ON               喷枪开始工作，暂时屏蔽，则 // DO[101]=ON
8 :     L P[3] 100mm/sec CNT20   P2-P3 短弧用 CNT 过渡方式逼近，与机器人实际运行
                                  速度相关
9 :     C P[4]                   以 P3、P4、P5 三点画弧
        P[5] 200mm/sec FINE     绘制速度为 200mm/s，但受 OVERRIDE 指令限制
10 :    C P[6]                   以 P5、P6、P7 三点画弧
        P[7] 200mm/sec FINE
11 :    C P[8]                   以 P7、P8、P9 三点画弧
        P[9] 200mm/sec FINE
12 :    C P[10]
        P[11] 200mm/sec FINE
13 :    C P[12]
        P[2] 200mm/sec FINE     重复使用 P2 点
14 :    C P[13]                  开始画身躯部分
        P[14] 200mm/sec FINE    （身躯部分比较长，分成多段弧来画，采用 FINE 结束，
15 :    C P[15]                  不使用 CNT 是因为使轨迹看上去连贯，不会出现多余
        P[16] 200mm/sec FINE    的弧度，分成的弧度越多越准确，但耗费的定点时间越
                                  长）
16 :    C P[17]
        P[18] 200mm/sec FINE
17 :    C P[19]
        P[20] 200mm/sec FINE
18 :    C P[21]
        P[22] 200mm/sec FINE
19 :    C P[23]
        P[25] 200mm/sec FINE
20 :    DO[101]=OFF              要提起喷枪到 P24 点，所以暂时关闭喷枪
21 :    J P[24] 100% FINE        开始画嘴，P24 是逼近点
22 :    L P[25] 200mm/sec FINE   嘴采用直线命令绘制
23 :    DO[101]=ON               重新打开喷枪
24 :    L P[26] 200mm/sec FINE   因为嘴是尖的，所以过渡方式不采用 CNT
```

```
25 :  L P[27] 200mm/sec FINE
26 :  L P[28] 200mm/sec FINE
27 :  L P[23] 200mm/sec FINE          嘴的结束点
28 :  DO[101]=OFF                     要拿起喷枪到 P29 点，暂时关闭喷枪
29 :  J P[29] 100% FINE               开始画眼，P29 是逼近点
30 :  L P[30] 200mm/sec FINE
31 :  DO[101]=ON                      重新打开喷枪
32 :  A  P[30] 200mm/sec FINE         眼睛第一段半圆
33 :  A  P[31] 200mm/sec FINE
34 :  A  P[32] 200mm/sec FINE
35 :  A  P[33] 300mm/sec FINE         眼睛第二段半圆，以 P[32] 作为第一个点
36 :  A  P[30] 300mm/sec FINE
37 :  DO[101]=OFF                     要提起喷枪到 P34 点，暂时关闭喷枪
38 :  J P[34] 100% FINE
39 :  L P[35] 200mm/sec FINE          眼睛瞳孔，用一点完成
40 :  DO[101]=ON                      开喷枪
41 :  WAIT 0.5sec                     等待 0.5s 喷完
42 :  DO[101]=OFF                     关喷枪，到逼近点 P36
43 :  J P[36] 100% FINE
44 :  DO[101]=ON                      开喷枪
45 :  J P[21] 100% FINE
46 :  L P[37] 200mm/sec FINE
47 :  L P[38] 200mm/sec CNT10         CNT10 的过渡半径要根据机器人实际运行速度来逼近
                                       轨迹
48 :  L P[39] 200mm/sec CNT10
49 :  L P[40] 200mm/sec CNT10
50 :  L P[41] 200mm/sec CNT10
51 :  L P[42] 200mm/sec CNT10
52 :  L P[43] 200mm/sec FINE
53 :  L P[44] 200mm/sec FINE
54 :  DO[101]=OFF                     关喷枪，到逼近点 P45
55 :  J P[45] 100% FINE
56 :  L P[20] 200mm/sec FINE          复用 P20 点，减少定点数量
57 :  DO[101]=ON                      开喷枪
58 :  L P[46] 200mm/sec CNT10
59 :  L P[47] 200mm/sec CNT10
60 :  L P[48] 200mm/sec CNT10
61 :  L P[49] 200mm/sec CNT10
62 :  L P[50] 200mm/sec CNT10
63 :  L P[51] 200mm/sec FINE
64 :  L P[52] 200mm/sec FINE
65 :  DO[101]=OFF                     关喷枪，到逼近点 P53
66 :  J P[53] 100% FINE               到逼近点 P53 准备画翅膀
67 :  L P[54] 200mm/sec FINE          翅膀开始点
68 :  DO[101]=ON                      开喷枪
69 :  C P[55]
         P[56] 200mm/sec FINE
70 :  C P[57]
         P[58] 200mm/sec FINE
71 :  DO[101]=OFF                     关喷枪，移动到 P59 点
72 :  J P[59] 100% FINE
73 :  DO[101]=ON
```

```
74 :    A  P[59]  200mm/sec FINE
75 :    A  P[60]  200mm/sec FINE
76 :    A  P[61]  200mm/sec FINE
77 :    A  P[62]  200mm/sec FINE
78 :    DO[101]=OFF                     关喷枪，移动到 P63 点
79 :    J  P[63]  100% FINE             到尾巴绘制的逼近点
80 :    L  P[16]  200mm/sec FINE        复用 P16 点，减少定点数量
81 :    DO[101]=ON                      开喷枪
82 :    C  P[64]
           P[65]  200mm/sec FINE
83 :    L  P[16]  200mm/sec FINE        回到开始点 P16
84 :    C  P[66]                        开始画第二段尾巴
           P[67]  200mm/sec FINE
85 :    C  P[68]
           P[69]  200mm/sec FINE
86 :    A  P[69]  200mm/sec FINE        开始画第三段尾巴，由于第三段圆弧定点数量为奇数，
                                        因此用 A 指令较好
87 :    A  P[70]  200mm/sec FINE
88 :    A  P[71]  200mm/sec FINE
89 :    A  P[72]  200mm/sec FINE
90 :    L  P[17]  200mm/sec FINE        到 P17 尾巴的结束点，复用 P17 点
91 :    DO[101]=OFF                     关喷枪，移动到 HOME 点
92 :    J  P[1：HOME]  100% FINE        机器人原始点 HOME
        END
```

在程序的第 5 行 "WAIT DI[101]=ON" 可以看到，机器人编程、单片机编程以及 C 语言等高级语言编程与 PLC 的程序执行方式是不同的，PLC 采用循环扫描工作，这些高级语言如果没有中断输入会在当前行程序一直执行或等待，直到该行程序执行结束。因此 WAIT DI[101]=ON 是在等待 DI101 有输入时才执行下一行程序，DI101 没有输入只能在该行等待。FANUC 机器人可以采用 TIMER 计数器指令实现程序的计时，观察程序执行是否处于死循环，使用方法举例如下：

```
1 :     TIMER[1]=RESET                  复位计时器 1
2 :     TIMER[1]=START                  计时程序段从这行开始，启动开始计时
        ……                            被计时的程序段
        TIMER[1]=STOP                   计时程序段到此结束，停止计时
        IF TIMER[1]>10 JMP LBL[1]       如果计时器 1 等待时间长于 10S，则跳转到 LBL[1]
                                        执行，否则执行下一行
        ……
        LBL[1]
        ……
```

程序交付现场实际运行前都要经过模拟调试，若机器人的外围信号没有接好，第 5 行 "WAIT DI[101]=ON" 和第 7 行 "DO[101]=ON" 可以通过机器人的仿真信号功能模拟 DI101 输入和强制 DO101 输出，但要注意强制输出时最好将机器人 DO 控制的设备与机器人断开连接，否则 DO 控制焊枪时会一直起焊导致烧坏工件或喷涂时喷层过厚。机器人工作调试时，可以先单纯观察机器人的运行轨迹，调试好轨迹后再联合机器人外围信号做综合调试。程序中屏蔽暂时不执行的程序方法是在程序前加 "//"，例如 "// WAIT DI[101]=ON" 和 "//DO[101]=ON"，就会使这两行程序在机器人执行过程中当作

注释处理。

P59、P60、P61、P62 四个点是翅膀的组成部分，用 C 圆弧指令绘制时由于要确定三点画弧，可以采用（P59、P60、P61）（P60、P61、P62）分别作为两组，但用 A 圆弧指令可以直接指定每一个点，无需考虑如何分组，所以第 74~77 行采用 A 指令画翅膀。

任务二 PR 指令实现平面内偏移

精确画圆的方法：如果轨迹是一个标准的圆，为了减少定点时人为的视觉误差，可以采用 PR 指令实现圆的点位的运算，从而实现一个平面上的快速定点。下面通过画一个半径为 50mm 的圆来讲解。

如图 2-3 所示，当机器人要以 O 为圆心走半径为 50mm 的圆轨迹时，将机器人的工具尖端定位到 O 点，通过示教器记录 O 点的坐标值，并命名为 P1 点。假设 P1 点在 XY 平面的坐标值如图 2-3 所示为（-191.06，-212.33），则圆与 X、Y 坐标相交的四个点值的运算值实现方法如下：

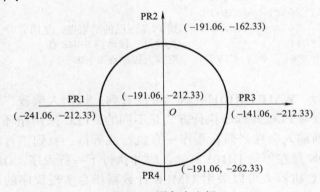

图 2-3　圆各点坐标

1：	PR[5]=P[1]	先对 PR1~PR4 进行赋初始值，让其坐标值与 P1 原点一样；并将 PR5 作为中间变量
2：	PR[1]=PR[5]	PR[5]=PR[1]=PR[2]=PR[3]=PR[4]=P1
3：	PR[2]=PR[5]	
4：	PR[3]=PR[5]	
5：	PR[4]=PR[5]	
6：	PR[1,1]= PR[5,1]-50	PR[1，1] 表示 PR1 点的 X 坐标值；PR[1，2] 表示 PR1 点的 Y 坐标值；PR[1，3] 表示 PR1 点的 Z 坐标值。PR[1，1]=PR[5，1]-50 表示 PR1 点 X 坐标的值修改为 PR5 的 X 坐标的值减 50mm（默认单位为 mm）
7：	PR[2,2]= PR[5,2]+50	PR[2，2]=PR[5，2]+50 表示 PR2 点 Y 坐标的值修改为 PR5 的 Y 坐标的值加 50mm
8：	PR[3,1]= PR[5,1]+50	PR[3，1]=PR[5，1]+50 表示 PR3 点 X 坐标的值修改为 PR5 的 X 坐标的值加 50mm
9：	PR[4,2]= PR[5,2]-50	PR[4，2]=PR[5，2]-50 表示 PR4 点 Y 坐标的值修改为 PR5 的 Y 坐标的值减 50mm
10：	J PR[1] 100% FINE	到画圆的第一点
11：	C PR[2]	三点画半圆
12：	PR[3] 500mm/sec FINE	
13：	C PR[4]	

```
14:    PR[1] 500mm/sec FINE          回到画圆的起始点
       END
```

PR 赋值的运算不一定是两点的 X、Y、Z 坐标分别对应的，可以是 PR[1，1]=PR[2，3]，要根据实际情况进行运算，例如按图 2-4 用 PR 指令画一个半径为 90mm 的正方体：根据 X、Y 平面上的方向，PR[4] 与 PR[1] 的 Y 坐标相同，X 坐标发生偏移；PR[2] 与 PR[1] 的 X 坐标相同，Y 坐标发生偏移；PR[3] 与 PR[2] 的 Y 坐标相同，X 坐标发生偏移。

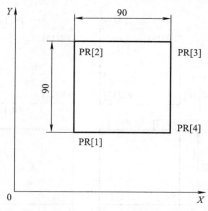

图 2-4　PR 指令实现平面轨迹

选取 PR[1] 为起始点，按顺时针方向完成轨迹时，图 2-4 所示轨迹的机器人程序如下：

```
1:    PR[1]=LOPS                    PR[1]=LOPS/JOPS，机器人将当前位置保存到
                                    PR[1] 中，并以直角坐标 / 关节坐标形式显示
2:    PR[2]=PR[1]                   给 PR2 赋初始值，让其与 PR1 相同
3:    PR[4]=PR[1]                   给 PR4 赋初始值，让其与 PR1 相同
4:    PR[2,2]=PR[1,2]+90            在初始值的基础上，将 PR2 的 Y 坐标值增加 90mm
5:    PR[4,1]=PR[1,1]+90            在初始值的基础上，将 PR4 的 X 坐标值增加 90mm
6:    PR[3,1]=PR[2,1]+90            PR3 的值为在 PR2 的基础上沿 Y 坐标方向偏移 +90mm
7:    J PR[1] 100% FINE             由初始点开始运动
8:    L PR[2] 1000mm/sec FINE       从 PR1 点向 PR2 点直线运动
9:    L PR[3] 1000mm/sec FINE       从 PR2 点向 PR3 点直线运动
10:   L PR[4] 1000mm/sec FINE       从 PR3 点向 PR4 点直线运动
11:   L PR[1] 1000mm/sec FINE       机器人回到初始点
      END
```

在执行第 2、4 行程序后 PR2 的值变化见表 2-1（PR3、PR4 同理）。

表 2-1　位置点 PR2 执行运算前后的变化

指令行 PR2 值	PR[2]=PR[1]	PR[2，2]=PR[1，2]+90
X	与 PR1 的 X 坐标值相同	与 PR1 的原 X 坐标值相同
Y	与 PR1 的 Y 坐标值相同	PR1 的 Y 轴正方向偏移 90mm
Z	与 PR1 的 Z 坐标值相同	与 PR1 的原 Z 坐标值相同
W	与 PR1 的 W 坐标值相同	与 PR1 的原 W 坐标值相同
P	与 PR1 的 P 坐标值相同	与 PR1 的原 P 坐标值相同
R	与 PR1 的 R 坐标值相同	与 PR1 的原 R 坐标值相同

任务三　OFFSET 指令实现平面内偏移

除了使用 PR 指令实现位置偏移，用 OFFSET 指令也可以方便地实现机器人运动轨迹的偏移。图 2-5 所示是在图 2-4 的基础上同一平面走三个相同的轨迹，每个正方形之间的间距为 10mm。

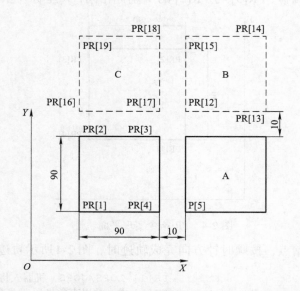

图 2-5　用 OFFSET 位置补偿指令实现相同运行轨迹的偏移

OFFSET 指令的使用包含两个步骤：一是使用位置补偿条件指令 OFFSET CONDITION PR[i] 指定原有点的偏移量，放在 PR[i] 位置寄存器中的偏移值对每条 OFFSET 指令有效，如例 2-1，P2、P3、P4 点的偏移都是采用 PR1 的值，除非如例 2-2 重新指定 P2、P3、P4 的偏移值才会使每一个偏移点的偏移量不同；二是在运动指令的后方附加位置补偿指令 OFFSET 让运动点运算后再实现机器人的动作。

例 2-1：

1：	OFFSET CONDITION PR[1]	指明偏移值放在 PR1
2：	J P[1] 100% FINE	
3：	L P[2] 1000mm/sec FINE OFFSET	P2 各坐标值 +PR1 相应各坐标值成为机器人走的轨迹
4：	L P[3] 1000mm/sec FINE OFFSET	不重新指定偏移寄存器，P3 的偏移量也为 PR1
5：	L P[4] 1000mm/sec FINE OFFSET	不重新指定偏移寄存器，P4 的偏移量也为 PR1
6：	……	
	END	

例 2-2：

```
1:    J P[1] 100% FINE
2:    L P[2] 1000mm/sec FINE OFFSET, PR[1]        P2 各坐标值 +PR1 相应各坐标值成为
                                                   机器人走的轨迹
3:    L P[3] 1000mm/sec FINE OFFSET, PR[2]        P3 各坐标值 +PR2 相应各坐标值成为
                                                   机器人走的轨迹，不是把 PR1 作为每
                                                   一个点的默认偏移值
4:    L P[4] 1000mm/sec FINE OFFSET, PR[3]        P4 各坐标值 +PR3 相应各坐标值成为
                                                   机器人走的轨迹
5:    L P[1] 100% FINE                            走不带偏移的轨迹点
6:    ......
      END
```

根据图 2-5，A 的 4 个角点分别对应 PR1、PR2、PR3、PR4 向 X 方向偏移了 100mm；B 的 4 个角点分别为 A 的 4 个角点在 Y 轴方向偏移了 100mm；C 的四个角点分别为 PR1、PR2、PR3、PR4 向 Y 方向偏移了 100mm；机器人按逆时针方向走 A、B、C 三个轨迹的程序如下：

第 1~11 行程序与图 2-4 的程序相同。

```
12:   OFFSET CONDITION PR[10]           令 PR10 的值为（X，Y，Z，W，P，R）=
                                        (100,0,0,0,0,0)
13:   WAIT 2.00 sec                     画完第一个图形，停顿一下
14:   J P[2] 100% FINE                  P2 为 A 左下角的逼近点
15:   L PR[1] 1000mm/sec FINE OFFSET
16:   L PR[4] 1000mm/sec FINE OFFSET
17:   L PR[3] 1000mm/sec FINE OFFSET
18:   L PR[2] 1000mm/sec FINE OFFSET
19:   OFFSET CONDITION PR[11]           重新指定偏移值，令 PR11 的值为（X,Y,Z,
                                        W，P，R）=(0,100,0,0,0,0)
20:   WAIT 2.00 sec                     画完 A 图形，停顿一下
21:   J P[3] 100% FINE                  P3 为 B 左下角的逼近点
22:   P[5]= PR [1]+PR[10]               P5 定义为 A 的左下角点
23:   L P[5] 1000mm/sec FINE OFFSET     实现到达 B 的左下角点
24:   PR[20]=LOPS                       机器人当前位置值保存到 PR20
25:   PR[12]=PR[20]                     给 PR12 赋初始值，让其与 PR20 相同
26:   PR[13]=PR[12]                     给 PR13 赋初始值，让其与 PR12 相同
27:   PR[15]=PR[12]                     给 PR15 赋初始值，让其与 PR12 相同
28:   PR[13, 1]=PR[12, 1]+90            在初始值的基础上，将 PR12 的 X 坐标值增
                                        加 90mm

      PR[15, 2]=PR[12, 2]+90            在初始值的基础上，将 PR12 的 Y 坐标值增
                                        加 90mm

      L PR[13] 1000mm/sec FINE          运动到 PR13 点
      L PR[13] 1000mm/sec FINE OFFSET   运动到 PR14 点（PR13 点偏移 PR11 值）
      L PR[15] 1000mm/sec FINE          运动到 PR15 点
      WAIT 2.00 sec
      J P[4] 100% FINE                  P4 为 C 左下角的逼近点
      L PR[1] 1000mm/sec FINE OFFSET    PR1+PR11=PR16，即 C 的左下角点
      L PR[4] 1000mm/sec FINE OFFSET    PR4+PR11=PR17，即 C 的右下角点
      L PR[3] 1000mm/sec FINE OFFSET    PR3+PR11=PR18，即 C 的右上角点
      L PR[2] 1000mm/sec FINE OFFSET    PR2+PR11=PR19，即 C 的左上角点
      L PR[1] 1000mm/sec FINE           机器人回到初始点
      END
```

由图 2-5 的程序编写过程可以看出，善于抓住轨迹的特点，找到各个点之间的关系进

行运算才能准确找到编程位置点。使用 PR 指令和 OFFST 指令实现点的偏移不需要逐个点示教，降低了示教过程出现的误差，但要有清晰的运算思维。

如果想使图 2-6 的相同轨迹在同一坐标轴的平行方向上，利用 OFFSET 结合 PR 指令可以快速编程实现。

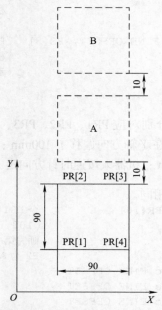

图 2-6　平行方向轨迹编程

图 2-6 的程序如下：

第 1~11 行程序与图 2-4 的程序相同。

```
12 :    OFFSET CONDITION PR[10]              令 PR10 的值为（X, Y, Z, W, P, R）=（0,
                                            100, 0, 0, 0, 0）
13 :    WAIT 2.00 sec                       画完第一个图形, 停顿一下
14 :    J P[2] 100% FINE                    P2 为 A 左下角的逼近点
15 :    L PR[1] 1000mm/sec FINE OFFSET      走到 A 的左下角点
16 :    L PR[4] 1000mm/sec FINE OFFSET
17 :    L PR[3] 1000mm/sec FINE OFFSET
18 :    L PR[2 1000mm/sec FINE OFFSET
19 :    OFFSET CONDITION PR[11]             重新指定偏移值, 令 PR11 的值为（X, Y, Z,
                                            W, P, R）=（0, 200, 0, 0, 0, 0）
20 :    WAIT 2.00 sec                       画完 A 图形, 停顿一下
21 :    J P[3] 100% FINE                    P3 为 B 左下角的逼近点
22 :    L PR[1] 1000mm/sec FINE OFFSET
23 :    L PR[4] 1000mm/sec FINE OFFSET
24 :    L PR[3] 1000mm/sec FINE OFFSET
25 :    L PR[2 1000mm/sec FINE OFFSET
26 :    L PR[1] 1000mm/sec FINE             机器人回到初始点
        END
```

在图 2-6 的程序中，15~18 行与 22~25 行的程序完全相同，但 15~18 行以 PR10 作为偏移量，22~25 行以 PR11 作为偏移量，因此阅读带 OFFSET 的程序时一定要注意偏移量放在哪个位置寄存器 PR。

图 2-7 与图 2-6 不同，图 2-7 是将三个 90mm×90mm 的正方形物体平行放置，机器人用吸盘将位置在 PR[2] 的物体依次放置在 A、B、C 三个位置，吸盘控制信号接到机器人的 RO1。在编程前示教好机器人的工具坐标，让工具坐标的中心点在正方形物体的中心点，分析控制要求可以发现三个物体的中心距离为 100mm，因此只要搬运了第一个 A 物体，B、C 物体的编程就会变得简单快捷。图 2-7 的程序如下：

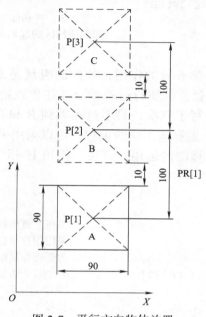

图 2-7 平行方向物体放置

方法一：

```
1 :    UTOOL_NUM=1                        采用工具坐标 1
2 :    UFRAME_NUM=1                       采用用户坐标 1
3 :    J P[10] 100% FINE                 P10 为 PR2 的逼近点
4 :    L PR[2] 1000mm/sec FINE
5 :    RO[1]=ON                          把物体吸起
6 :    WAIT 1.00 SEC                     停顿 1s 让吸盘吸稳物体
7 :    L P[10] 100% FINE                 提升到逼近点
8 :    L P[11] 100% FINE                 P11 为 P1 的逼近点
9 :    L P[1] 100% FINE                  放置在 A
10 :   RO[1]=OFF                         把物体放下，释放负压
11 :   J P[10] 100% FINE                 回到原料区的起始点，准备放到 B
12 :   L PR[2] 1000mm/sec FINE
13 :   RO[1]=ON                          把物体吸起
14 :   WAIT 1.00 SEC                     停顿 1s 让吸盘吸稳物体
15 :   L P[10] 100% FINE                 提升到逼近点
16 :   OFFSET CONDITION PR[20]           令 PR20 的值为（X, Y, Z, W, P, R）=（0,
                                         100,0,0,0,0）
17 :   L P[11] 100% FINE OFFSET
18 :   L P[1] 100% FINE OFFSET
19 :   RO[1]=OFF                         放置在 B，把物体放下，释放负压
20 :   J P[10] 100% FINE                 回到原料区的起始点，准备放到 C
21 :   L PR[2] 1000mm/sec FINE
```

```
22 :    RO[1]=ON                          把物体吸起
23 :    WAIT 1.00 SEC                     停顿 1s 让吸盘吸稳物体
24 :    L P[10] 100% FINE                 提升到逼近点
25 :    OFFSET CONDITION PR[21]           令 PR21 的值为（X，Y，Z，W，P，R）=（0，
                                          200，0，0，0，0）
26 :    L P[11] 100% FINE OFFSET
27 :    L P[1] 100% FINE OFFSET
28 :    RO[1]=OFF                         放置在 B，把物体放下，释放负压
29 :    J P[10] 100% FINE                 回到原料区的起始点，结束
        END
```

在工程调试时不要忽略第 6 行的作用，软性的吸盘是采用负压来吸稳物体的，如果不停顿让机器人吸到物体就连续执行运动指令往往导致物体吸不稳发生偏心或掉落。方法一实际是将运动轨迹编写了三次，只不过在放到 B 和 C 位置时的偏移量值 PR20、PR21 不同。程序轨迹相同、运算值不同的编程，可以采用带算法的方式缩短程序行数。在项目二中将详细介绍各种算法的运用，方法一使用 IF 指令和跳转指令可以修改为方法二。

方法二：

```
1 :     UTOOL_NUM=1                       采用工具坐标 1
2 :     UFRAME_NUM=1                      采用用户坐标 1
3 :     R[1]=0                            数据寄存器赋初始值 0
4 :     OFFSET CONDITION PR[20]           令 PR20 的值为（X，Y，Z，W，P，R）=
                                          （0，0，0，0，0，0）
5 :     LBL[1]                            标号 1
6 :     J P[10] 100% FINE                 P10 为 PR2 的逼近点
7 :     L PR[2] 1000mm/sec FINE OFFSET
8 :     RO[1]=ON                          把物体吸起
9 :     WAIT 1.00 SEC                     停顿 1s 让吸盘吸稳物体
10 :    L P[10] 100% FINE                 提升到逼近点
11 :    L P[11] 100% FINE OFFSET          P11 为 P1 的逼近点
12 :    L P[1] 100% FINE OFFSET           第一次循环 PR20 偏移值为 0 放置在 A，第二
                                          次循环 PR20 偏移值为 100 放置在 B，第三
                                          次循环 PR20 偏移值为 200 放置在 C
13 :    RO[1]=OFF                         把物体放下，释放负压
14 :    J P[10] 100% FINE                 回到原料区的起始点
15 :    PR[20,2]= PR[20,2]+100            每循环一次，PR20 的 Y 坐标偏移增加
                                          100mm
16 :    R[1]=R[1]+1                       每循环一次，R1 增加 1
17 :    IF R[1]<=2,JMP LBL[1]             程序第一次循环（第一次放物体）R1=1，第
                                          二次循环 R1=2，第三次循环 R1=3；所以条
                                          件 "R[1]<=2" 在第三次循环结束时 R1=3
                                          不再满足 IF 指令跳转到标号 1 的判断，执行
                                          下一行提示执行结束
18 :    Message [FINISH!]                 TP 中跳出窗口，输出信息 "FINISH!"。跳
                                          出信息窗口后会一直停在此窗口，按 EDIT
                                          键可以返回程序界面。可在 "设置" 菜单中
                                          设定消息不输出，但仍会记录
        END
```

项目二　带算法的程序设计

在程序控制中涉及判断后根据不同情况进行处理的逻辑，这些逻辑归纳为以下三类：

1）如果……则执行……，否则执行……

2）满足条件……则循环执行任务……N次，否则执行下面的程序。

3）前面工作相同，接下来满足不同条件，执行不同情况的任务（选择性分支，一次只能选择一条）。

这三类逻辑囊括了经典自动控制中单输入单输出、单数入多输出、多输入单输出的控制逻辑，一般的控制场合涉及的程序算法都是由这三大基本逻辑组成。作为机电工程人员，要达到编程举一反三，除了熟悉指令的使用方法，理清控制任务的逻辑并转换为流程图，再将流程图转换为指令是必须具备的能力。本项目通过三个工业案例学习这三大逻辑的梳理方法和相互转换。

任务一　用偏移指令实现简单码垛控制

一、堆垛控制

任务描述：每个工件长5cm、宽5cm、高3cm，重80~100g，采用负压吸盘进行工件吸取，1#、2#、3# 位置底部装有光电传感器（或行程开关）检查是否有工件存在，机器人在接收启动信号 DI105 后执行堆垛操作，将工件依次堆放在堆叠区。工作区的示意图如图 2-8 所示。

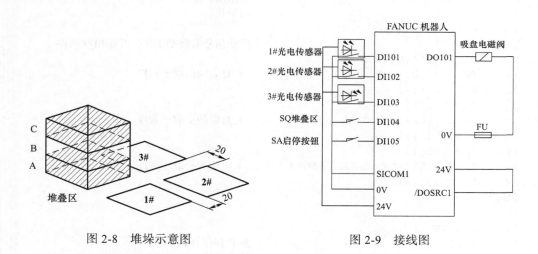

图 2-8　堆垛示意图　　　　　　　　　图 2-9　接线图

分析：机器人的输出信号有 1 个（吸盘），输入信号有 5 个，分别是启动信号，堆叠区有工件检测信号，1#、2#、3# 位置是否有工件的检查信号。采用模块化结构编程，主程序负责全面工作，每叠一层采用一个子程序，以便编程思维清晰。接线图如图 2-9 所示，程序流程图如图 2-10 所示。

按照图 2-10，编写的程序如下，新建的主程序名为 RSR001，到三个位置取工件的子程序名分别为 PICK1、PICK2、PICK3，第一次到第三次在堆叠区放工件的子程序分别为 DROP1、DROP2、DROP3。

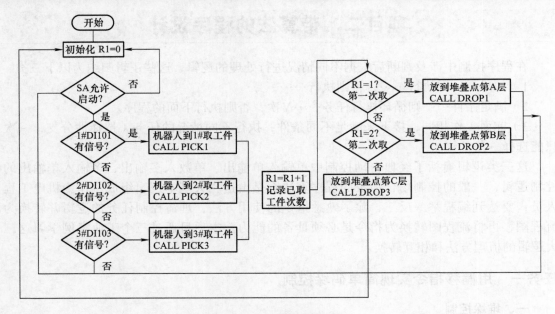

图 2-10　堆垛算法流程图 1

RSR001 主程序（用 IF 指令）：

```
1 :    UTOOL_NUM=1                      采用工具坐标 1
2 :    UFRAME_NUM=1                     采用用户坐标 1
3 :    LBL[3]                          初始化
4 :    R[1]=0
5 :    LBL[2]                          启动信号有效则工作，开始拾取工件
6 :    WAIT  DI[105]=ON
7 :    IF  DI[101]=ON, CALL  PICK1     1# 对应的拾取子程序
8 :    R[1]=R[1]+1
9 :    JMP LBL[1]
10 :   IF  DI[102]=ON, CALL  PICK2     2# 对应的拾取子程序
11 :   R[1]=R[1]+1
12 :   JMP LBL[1]
13 :   IF  DI[103]=ON, CALL  PICK3     3# 对应的拾取子程序
14 :   R[1]=R[1]+1
15 :   else
16 :   JMP LBL[2]
17 :   End IF
18 :   LBL[1]                          放置程序开始
19 :   IF  R[1]=1, CALL  DROP1         堆叠区第一层的放置子程序
20 :   JMP LBL[2]
21 :   IF  R[1]=2, CALL  DROP2         堆叠区第二层的放置子程序
22 :   JMP LBL[2]
23 :   IF  R[1]=3, CALL  DROP3         堆叠区第三层的放置子程序
24 :   JMP LBL[3]                      回到程序开头
25 :   END
```

IF 指令必须逐一判断各个成立的条件，适用于单流程的程序结构，IF 函数可以用 Select 选择函数来表达，流程图可以改成并行程序结构，如图 2-11 所示。

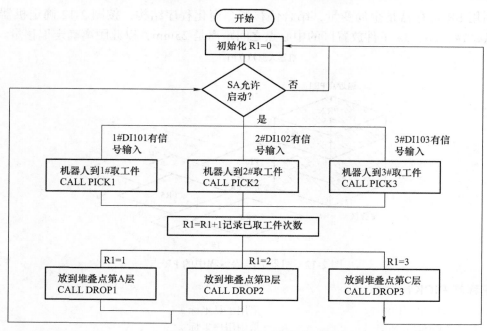

图 2-11　堆垛算法流程图 2

FANUC 机器人系统执行指令时与 C 语言的执行过程是相似的，从上至下扫描一行执行一行，在图 2-11 中若 DI101、DI102、DI103 同时有信号，则按照先放前面的程序先执行。按照图 2-11 表达的程序逻辑，RSR001 主程序可以表达如下：

RSR001 主程序（用 Select 指令）：

```
1 :    UTOOL_NUM=1                                    采用工具坐标 1
2 :    UFRAME_NUM=1                                   采用用户坐标 1
3 :    LBL[3]                                         初始化
4 :    R[1]=0
5 :    LBL[2]                                         启动信号有效则工作，开始拾取工件
6 :    WAIT  DI[105]=ON
7 :    IF  DI[101]=ON THEN                            保证优先级为 DI101>DI102>DI103
8 :    R[2]=1                                         将三个位置的开关信号转换为数值来区分
9 :    IF（DI[102]=ON AND DI[101]=OFF）THEN           &&=AND 与运算
10 :   R[2]=2
11 :   IF（DI[103]=ON AND DI[101]=OFF&&DI[102]=OFF）THEN
12 :   R[2]=3
13 :   Else
14 :   R[2]=0
15 :   End IF
16 :   Select R[2]=1, CALL  PICK1                     PICK1、PICK2、PICK3 让 R[2] 清零，让
17 :          =2, CALL  PICK2                         R[1] 加 1
18 :          =3, CALL  PICK3
19 :        JMP LBL[1]
20 :   LBL[1]
21 :   IF R[1]=1, CALL  DROP1                         堆叠区第一层的放置子程序
22 :   IF R[1]=2, CALL  DROP2                         堆叠区第二层的放置子程序
23 :   IF R[1]=3, CALL  DROP3                         堆叠区第三层的放置子程序
24 :   JMP LBL[3]                                     回到程序开头
       END
```

利用 PR 寄存器是全局变量，结合偏移指令简化程序结构，按图 2-12 确定机器人的工作点，1#、2#、3# 工件放置区的中心点之间距离是 25mm，以此距离确定偏移量。

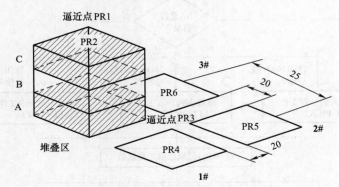

图 2-12　机器人堆垛编程中的 PR 点

子程序 PICK1：

1 :	UTOOL_NUM=1	采用工具坐标 1
2 :	UFRAME_NUM=1	采用用户坐标 1
3 :	J P[1] 100% FINE	P1 为机器人在堆垛区上的原始点
4 :	L PR[3] 500mm/sec FINE	在 1# 逼近点
5 :	L PR[4] 500mm/sec FINE	到达 1# 工作点
6 :	DO[101]=ON	吸取工件
7 :	WAIT 1.00 sec	缓冲
8 :	**R[1]=R[1]+1**	**用 Select 指令，按图 2-11 算法才添加这行**
	END	

子程序 PICK2：

1 :	UTOOL_NUM=1	采用工具坐标 1
2 :	UFRAME_NUM=1	采用用户坐标 1
3 :	J P[1] 100% FINE	P1 为机器人在堆垛区上的原始点
4 :	PR[11,1]=PR[3,1]+25	PR[11] 为 2# 逼近点
5 :	L PR[11] 500mm/sec FINE	运动到 2# 逼近点
6 :	L PR[5] 500mm/sec FINE	到达 2# 工作点
7 :	DO[101]=ON	吸取工件
8 :	WAIT 1.00 sec	缓冲
9 :	**R[1]=R[1]+1**	**用 Select 指令，按图 2-11 算法才添加这行**
	END	

子程序 PICK3：

1 :	UTOOL_NUM=1	采用工具坐标 1
2 :	UFRAME_NUM=1	采用用户坐标 1
3 :	J P[1] 100% FINE	P1 为机器人在堆垛区上的原始点
4 :	PR[12,1]=PR[3,1]+25	PR[12] 为 3# 逼近点，PR12 目前是 2# 的逼近点位置
5 :	PR[12,2]=PR[12, 2]-25	向 Y 轴负方向运动 25mm，为 3# 逼近点
6 :	L PR[12] 500mm/sec FINE	运动到 3# 逼近点
7 :	L PR[6] 500mm/sec FINE	到达 6# 工作点

```
 8 :    DO[101]=ON              吸取工件
 9 :    WAIT 1.00 sec           缓冲
10 :    R[1]=R[1]+1             用 Select 指令，按图 2-11 算法才添加这行
        END
```

子程序 DROP1 ：

```
 1 :    UTOOL_NUM=1             采用工具坐标 1
 2 :    UFRAME_NUM=1            采用用户坐标 1
 3 :    J P[1] 100% FINE        运动到机器人在堆垛区上的原始点 P1
 4 :    PR[13,3]=PR[2,3]-50     在逼近点，PR2 沿 Z 轴向下运动 50mm
 5 :    L PR[13] 500mm/sec FINE
 6 :    DO[101]=OFF             在第一层放置工件
 7 :    WAIT 1.00 sec
 8 :    L P[1] 100% FINE
        END
```

子程序 DROP2 ：

```
 1 :    UTOOL_NUM=1             采用工具坐标 1
 2 :    UFRAME_NUM=1            采用用户坐标 1
 3 :    J P[1] 100% FINE        运动到机器人在堆垛区上的原始点 P1
 4 :    PR[14,3]=PR[2,3]-25     在逼近点，PR2 沿 Z 轴向下运动 25mm
 5 :    L PR[14] 500mm/sec FINE
 6 :    DO[101]=OFF             在第二层放置工件
 7 :    WAIT 1.00 sec
 8 :    L P[1] 100% FINE
        END
```

子程序 DROP3 ：

```
 1 :    UTOOL_NUM=1             采用工具坐标 1
 2 :    UFRAME_NUM=1            采用用户坐标 1
 3 :    J P[1] 100% FINE        运动到机器人在堆垛区上的原始点 P1
 4 :    PR[15]=PR[2]            令 PR15=PR2
 5 :    L PR[15] 500mm/sec FINE
 6 :    DO[101]=OFF             在第三层放置工件
 7 :    WAIT 1.00 sec
 8 :    L P[1] 100% FINE
        END
```

二、拆垛控制

任务描述：如图 2-13 所示在堆叠区放有三个叠起来的工件，每个工件长 5cm、宽 5cm、高 3cm，重 80~100g，采用负压吸盘进行工件吸取，1#、2#、3# 位置底部装有光电传感器（或行程开关）检测是否有工件存在，机器人在收到启动信号 DI105 后执行拆垛操作，放置顺序为 1# → 2# → 3#。堆垛 I/O 接线图如图 2-14 所示。

任务分析：DI104 用于检测堆叠区是否有工件，DI101、DI102、DI103 作为是否已放工件的检测，避免机器人重复放置发生碰撞，程序结构采用模块化思想，不采用子程序而采用偏移指令减少定点示教的工作难度和定点时的误差。考虑到工件的质量较轻，行程开关采用微动型，如图 2-15 所示，程序流程图如图 2-16 所示。

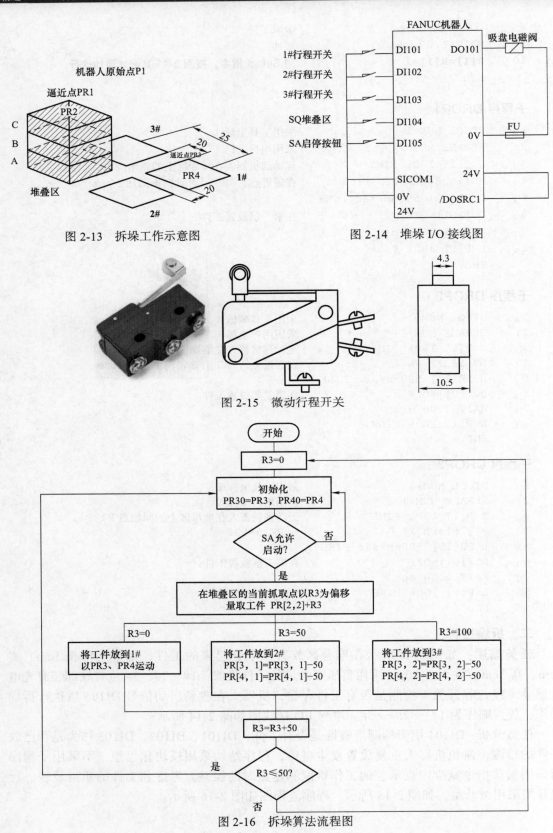

图 2-13 拆垛工作示意图

图 2-14 堆垛 I/O 接线图

图 2-15 微动行程开关

图 2-16 拆垛算法流程图

拆垛程序名字为 RSR002，使用了三层 IF 嵌套，编写如下：

```
1 :    UTOOL_NUM=1              采用工具坐标 1
2 :    UFRAME_NUM=1            采用用户坐标 1
3 :    J P[1] 100% FINE        机器人在原始点
4 :    LBL[1]
5 :    R[3]=0                   初始化
6 :    LBL[2]
7 :    PR[20]=PR[2]
8 :    PR[30]=PR[3]
9 :    PR[40]=PR[4]
10 :   WAIT DI[105]=ON          启动信号有效
11 :   Wait DI[104]=ON          堆叠区工件为非空
12 :   L PR[1] 500mm/sec FINE   运动到逼近点，准备吸取工件
13 :   PR[20,3]=PR[20,3]+R3
14 :   L PR[20] 500mm/sec FINE
15 :   DO[101]=ON
16 :   WAIT 1.00 sec
17 :   L PR[1] 500mm/sec FINE   返回逼近点
18 :   IF(R[3]=0)THEN           R3=0 放置在 1#
19 :   L PR[30] 500mm/sec FINE
20 :   L PR[40] 500mm/sec FINE
21 :   DO[101]=OFF
22 :   WAIT 1.00 sec
23 :   R[3]=R[3]+50
24 :   L PR[1] 500mm/sec FINE   放置结束，回到堆叠区逼近点
       ENDIF
25 :   IF(R[3]=50)THEN          R3=0 放置在 1#
26 :   PR[30]=PR[30,1]-50       1# 的点偏移到 2#
27 :   PR[40]=PR[40,1]-50
28 :   L PR[30] 500mm/sec FINE
29 :   L PR[40] 500mm/sec FINE
30 :   DO[101]=OFF
31 :   WAIT 1.00 sec
32 :   R[3]=R[3]+50
33 :   L PR[1] 500mm/sec FINE   放置结束，回到堆叠区逼近点
       ENDIF
34 :   IF(R[3]=100)THEN
35 :   PR[30]=PR[30,2]-50       1# 的点偏移到 3#
36 :   PR[40]=PR[40,2]-50
37 :   L PR[30] 500mm/sec FINE
38 :   L PR[40] 500mm/sec FINE
39 :   DO[101]=OFF
40 :   WAIT 1.00 sec
41 :   R[3]=R[3]+50
42 :   L PR[1] 500mm/sec FINE
43 :   ENDIF
44 :   IF(R[3]=0 OR R[3]=50), JMP LBL[2]
45 :   JMP LBL[1]
46 :   J P[1] 100% FINE         回到原料区的起始点，结束
       END
```

任务二 用专用码垛指令实现 4×3×2 堆垛控制

任务一介绍了堆垛和拆垛的通用算法，这一设计思想可以用于其他机器人的码垛编程，FANUC 机器人有专门码垛的指令，根据引导设置简单的参数和示教关键点即可实现码垛控制。

一、码垛的结构

码垛实际上是将货物按一定的方向和位置进行堆放，要定义一个码垛任务需要将堆叠模式、堆叠路径描述清楚。如图 2-17 所示，堆叠模式包含堆上 / 堆下、堆叠顺序（行列层）、每层增加数等；堆叠路径包含接近点、堆叠点（堆上点 / 堆积点）、回退点、每列选择的路线模式等。

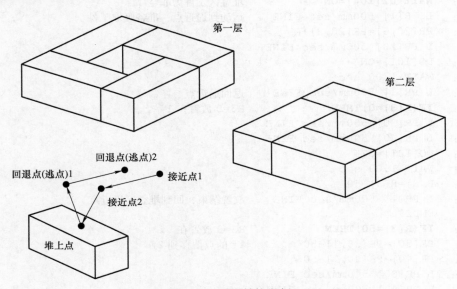

图 2-17 码垛结构举例

二、码垛种类

FANUC 机器人码垛指令将码垛分成 4 种组合类型，见表 2-2。

表 2-2 码垛类型

类型	特 点	排列方法	层模式	姿态控制	路径模式数
B	工件姿态一定，堆叠时底面形状为直线或平行四边形	只示教 2 点	无	始终固定	1
E	工件姿态、堆叠时底面形状不固定	只示教 2 点	无	始终固定	1~16
BX	BX 是 B 的扩展，B 只有一种路径模式，BX 可以设定多种路径模式	示教 2 点，全点示教或间隔指定	有	固定 / 分割	1
EX	EX 是 E 的扩展，E 只有一种路径模式，EX 可以设定多种路径模式	示教 2 点，全点示教或间隔指定	有	固定 / 分割	1~16

B、BX、E 类型可以看成 EX 类型的功能限制，在图 2-18a 中，底面形状是规则的四边形，工件姿态是固定的，B 类型只有一种路径，BX 类型可以有多种路径；图 2-18b 中底面形状不是平行四边形，工件姿态是变化的，E 类型只有一种路径，EX 类型可以有多种路径。

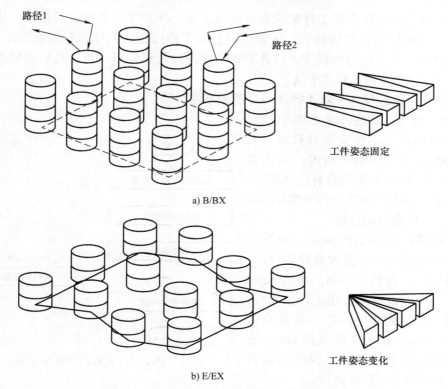

图 2-18 码垛底面形状和路径数量对应的码垛类型

三、码垛指令

专用的码垛指令有 4 条，指令构成要素如图 2-19 所示，它们的功能见表 2-3。

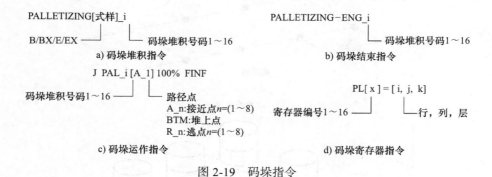

图 2-19 码垛指令

表 2-3 码垛指令相应功能

指令名称	指令功能
码垛堆积指令	根据堆叠模式、路径模式和码垛寄存器的值，计算当前堆积点的位置和路径，并改写码垛动作指令的位置数据
码垛动作指令	使用接近点、堆积点、逃点作为位置数据，执行完一次搬运，自动改写下一个位置数据
码垛结束指令	每一次搬运结束，计算下一个堆积点，并改写码垛寄存器的值
码垛寄存器指令	用于指定某个堆积点。例如 IF PL[1]=[2，3，2]，JMP LBL[2] 表示若 PL[1] 寄存器的值是 2 行 3 列 2 层的位置，则跳转到标号为 LBL[2] 处执行

码垛指令的功能包含将工件或货物堆叠或拆垛，在指令要素中进行选择，使用方法是根据指令的引导设置初始参数、示教关键点和工作路径，引导过程涉及的步骤较多，但在程序中指令占用的行数很少，读者要在示教的过程理解码垛指令是如何根据关键点来确保每一个堆叠点被运算出来的。

四、码垛示教过程——以 4 行 3 列 2 层的堆垛为例

EX 类型包含了其他码垛类型的设置，在图 2-20 中列出了码垛指令设置和示教的过程，BX 和 EX 类型可以进一步设置路径模式条件，B 和 E 类型没有这项功能。

下面通过一个实例学习码垛指令的设置、示教、程序完善的过程。

任务描述：如图 2-21 所示，机器人将位于工件原点的工件依次放到码垛区，工件是圆柱体，直径为 5cm，高为 3cm，码垛区是一块可以容纳上述工件的平板，要求堆叠 4 行 3 列 2 层，每个堆叠点中心距离为 25cm。若工件换成长 5cm、宽 5cm、高 3cm 的工件堆叠，程序无需修改，再次示教也可以正常执行。

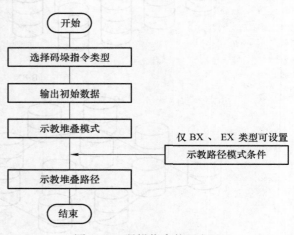

图 2-20　码垛指令使用方法

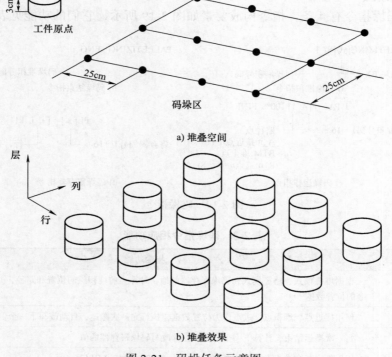

a) 堆叠空间

b) 堆叠效果

图 2-21　码垛任务示意图

任务分析： 采用负压吸盘对工件进行吸取和放置，负压吸盘的电磁阀由机器人 DO102 端子控制，当输入命令 DI101 有信号时，则开始执行码垛控制；DI102 信号用于检测工件原点是否有工件。按图 2-22 设置 3 个要示教的堆叠点（1,1,1）（4,1,1）（1,3,1），一个辅助点（4,3,1），三个路径式样（每个路径式样含 2 个接近点，1 个堆叠点，2 个回退点），路径式样采用"余数指定"。

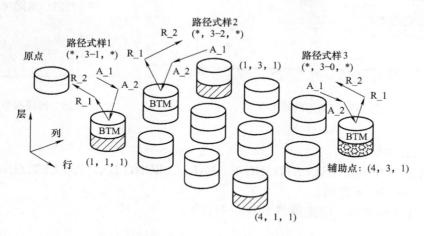

图 2-22　工作点和路径分析

（一）新建程序和选择码垛指令 EX

如果在 FANUC 机器人仿真软件中使用中文版的示教器和调出码垛指令需要在图 2-23 的 Languages 标签下选择 "Chinese Dictionary" 作为主要语言，在 Software Options 中选择码垛 "Palletizing（J500）"。

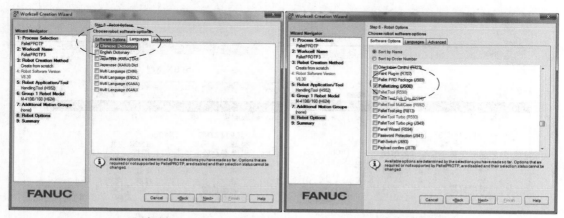

a) 语言选择　　　　　　　　　　　　　　　b) 码垛功能选择

图 2-23　Roboguide 仿真软件使用中文版码垛指令时的设置

在示教器的 "Select- 新建" 路径下以 TEST1 为名新建一个程序并进入到编辑界面，在 F1 键对应的 "指令" 菜单中找到 "7 码垛"，如图 2-24 所示，在弹出的指令列表图 2-25 中选择 PALLETIZING-EX 指令，进入图 2-26c 所示的界面。

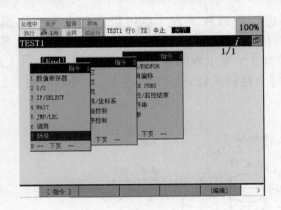

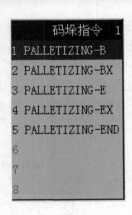

图 2-24 调用码垛指令   图 2-25 码垛指令列表

（二）设置初始参数

若在图 2-25 中选择 PALLETIZING-B、PALLETIZING-BX、PALLETIZING-E，则分别进入图 2-26a、b、c 界面。

按照本任务的要求，应按照图 2-27 进行设置。

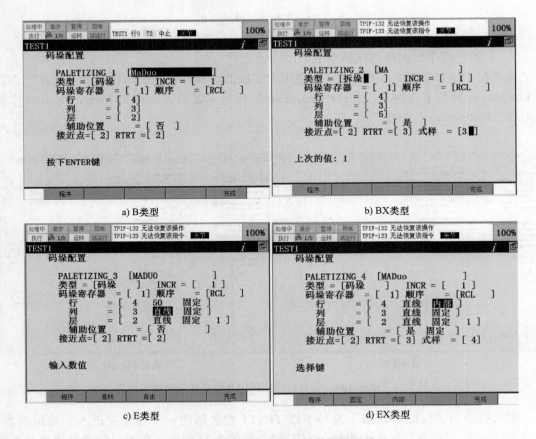

图 2-26 4 种码垛类型的初始数据设置界面

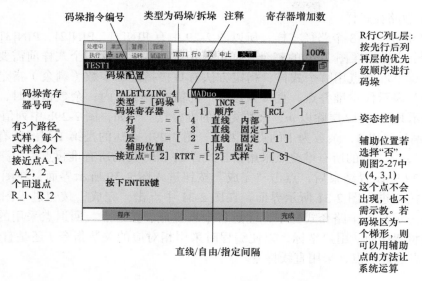

图 2-27 4 行 3 列 2 层的初始化

在姿态选择中，选择"固定"，则所有堆叠点上的工件姿态按照（1，1，1）的工件来放置，如图 2-28a 所示，工件姿态固定不变。若选择"内部 / 分割"，则进行直线示教时，分割后取决于直线两端的工件所示教的姿态进行规律性变化，如图 2-28b 点（1，1，1）、（4，1，1）的姿态进行自动运算。若选择了"自由"示教，则全部点的姿态都要进行示教。

在堆叠式样进行设置时，有直线示教、自由示教、指定间隔三种方式指定行列层的方向。选择直线示教时，通过示教边缘的两个**代表点**，设定行、列、层方向的**所有点**的标准；选择自由示教时，需要对行、列、层所有点进行示教；选择指定间隔时（见图 2-26c），通过指定行、列、层方向的直线和间隔距离设定所有点。

（三）示教堆叠点和辅助点

在图 2-27 中点击"完成"按钮进入图 2-28 所示示教堆叠代表点的界面，由于在图 2-27 中设置了辅助点，因此根据图 2-22（4,3,1）是需要额外示教的辅助点。示教结束时，图 2-28a 的"*"标记会变成"—"，示教过程注意尽量在世界坐标下示教，以免关节坐标示教后安装关节坐标的方式记录位置，在机器人编程时难以控制在堆叠点的姿态。

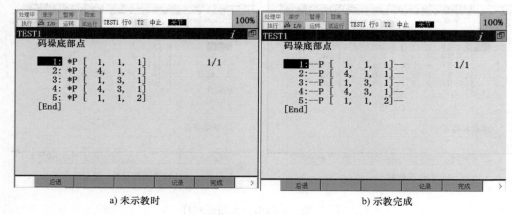

a) 未示教时   b) 示教完成

图 2-28 需要示教的堆叠代表点

（四）示教路径式样

图 2-27 中设定了 3 个路径式样，所以图 2-29 中有 PIN[1]、PIN[2]、PIN[3] 三个式样显示，这三个式样按照图 2-22 的三个式样进行示教，在示教这三个式样前需要指定整个堆叠任务中哪个堆叠点用哪个式样，指定方法有直接指定和余数（剩余）指定两种。图 2-29 中，"*" 表示任意堆叠点，直接指定时 * 的值在 1~127 内；余数指定时，路径式样要素 m-n 表示某行 / 列 / 层除以 m，余数为 n 的堆叠点。例如，图 2-29b 中列值 "3-1" 表示第 i 列的编号除以 3，余数为 1 的点。因此，图 2-29b 表达的是第 1 列的所有堆叠点采用路径式样 1，第 2 列的所有堆叠点采用路径式样 2，第 3 列的所有堆叠点采用路径式样 3。

在图 2-29 中设置结束后，点击"完成"按钮进入图 2-30 所示界面，在图 2-30 中点击"完成"按钮进入图 2-31 所示界面，在图 2-31 中点击"完成"按钮进入图 2-32 所示界面。在逐一示教各个路径式样中，注意各个堆叠点、接近点、回退点采用的坐标是关节坐标还是世界坐标 / 用户坐标，以便编程时采用相对应的关节指令 J 还是直线指令 L。一般离堆叠点越近的点，采用直线指令。

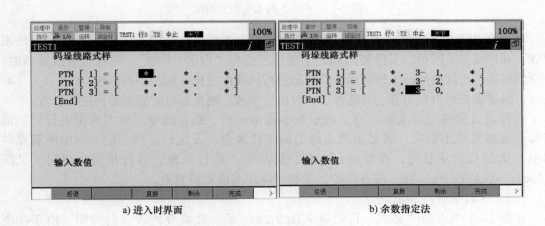

图 2-29　指定每一个堆叠点的路径式样

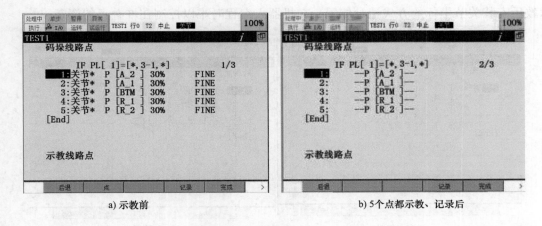

图 2-30　示教第一个路径式样

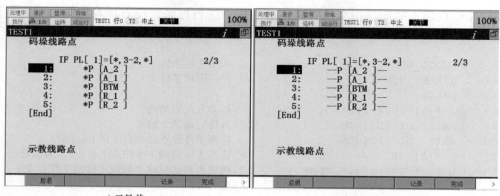

a) 示教前　　　　　　　　　　b) 5个点都示教、记录后

图 2-31　示教第二个路径式样

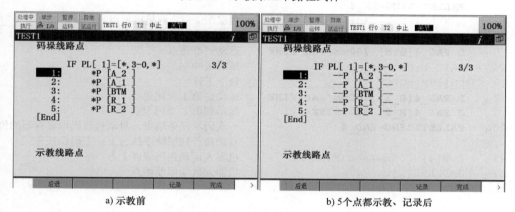

a) 示教前　　　　　　　　　　b) 5个点都示教、记录后

图 2-32　示教第三个路径式样

按照图 2-22 有三个路径式样，每个路径式样有 1 个堆叠点，2 个接近点，2 个回退点，因此在本任务中三个路径式样共需示教的点有 15 个，示教方法与位置点 P 的示教方式是一致的。

（五）完成码垛示教返回编程界面，对程序作修改

在图 2-32b 中完成三个路径的示教后点击"完成"按钮，进入图 2-33a 所示的界面，根据各个路径点运动是用关节坐标还是世界坐标 / 用户坐标示教修改为 J 指令方式或 L 指令方式，如图 2-33b 所示。

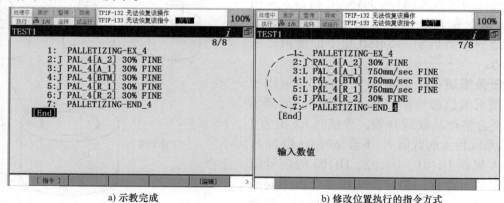

a) 示教完成　　　　　　　　　　b) 修改位置执行的指令方式

图 2-33　码垛指令示教完成界面

FANUC 机器人的码垛指令只对路径和工作点进行控制，没有涉及抓取工件的夹具的控制。针对本任务的要求，将图 2-33b 的程序修改如下：

```
1 :     UTOOL_NUM=1                       采用工具坐标 1
2 :     UFRAME_NUM=1                      采用用户坐标 1
3 :     LBL[1]
4 :     J P[1] 100% FINE                 机器人在原始点
5 :     WAIT  DI[101]=ON                 等待启动命令输入
6 :     WAIT  DI[102]=ON                 检测工件原点是否有工件
7 :     L P[2] 200mm/sec FINE            机器人运动到工件原点上方，P2 为逼近点
8 :     L P[3] 200mm/sec FINE            机器人到达抓取 / 吸取工件的工作点 P3
9 :     WAIT 1.00 sec                    延时缓冲
10:     DO[102]=ON                       打开吸盘，吸取工件
11:     L P[4] 200mm/sec FINE            机器人运动到码垛区上方
12:     PALLETIZING-EX_4
13:     J PAL_4[A_1] 30% FINE            根据图 2-22 调整接近点、回退点顺序
14:     L PAL_4[A_2] 700mm/sec FINE      运动到第 2 个接近点
15:     L PAL_4[BTM] 700mm/sec FINE      运动到堆叠点
16:     WAIT 1.00 sec                    延时缓冲
17:     DO[102]=OFF                      放下工件
18:     L PAL_4[R_1] 700mm/sec FINE      运动到第 1 个回退点
19:     J PAL_4[R_2] 30% FINE            运动到第 2 个回退点
20:     PALLETIZING-END_4                一次码垛任务结束，自动修改码垛寄存器的值，
                                         自动按行列层顺序执行下一个码垛任务
21:     L P[4] 200mm/sec FINE            机器人运动到码垛区上方
22:     JMP LBL[1]                       机器人运动回原始点
        END
```

任务三　SELECT 指令结合子函数实现废品装箱

在程序的流程设计中经常用到分支结构，在编程中就要用选择性分支或并行分支的指令进行表达，机器人的编程类似 C 语言的编程，没有并行分支的指令，程序采用选择性分支的指令 Switch、While、When、Select 等进行编程。应用选择性分支指令时，需要注意两个问题：一是将多解的问题用变量来表达；二是要充分考虑问题解的可能。不能出现变量值未表达的情况，以防程序出现未知情况而进入死循环。FANUC 机器人采用 Select 指令和 JMP 指令实现分支的表达。下面通过一个案例学习 Select 指令的使用要点和技巧。

任务描述：注塑模具生产的产品采用视觉识别系统监测产品好坏，合格产品放到 A 箱，不合格产品放到 B 箱，合格时 R1 值为 1（视觉系统传入的数值），不合格时 R1 值为 2。机器人根据 DI101、DI102、DI103 的信号组合确定放五金件的组合，从而生产出不同的产品，五金件放置位置如图 2-34 所示，组合关系见表 2-4。合格和不合格产品都是一箱满

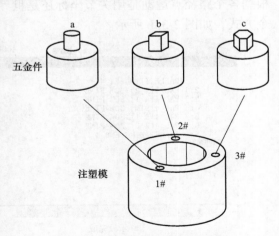

图 2-34　五金件放置位置示意图

4 个则打包盖章，不合格产品进入下一个工序采用人工修复。

表 2-4 输入信号组合与五金件放置组合关系

输入信号			模具五金件放置关系		
DI103	DI102	DI101	3#	2#	1#
0	0	1	a	a	a
0	1	0	a	b	a
0	1	1	c	a	a
1	0	0	c	b	a

任务分析：机器人的寄存器带有锁存记忆功能，因此表达产品是否合格的寄存器 R1 初始值设为 0，不以 0 来代表合格或不合格，以防程序执行时一直执行一种情况。在本任务中寄存器 R1、R2 都是将问题数值化处理后的一个变量。为了理清整个控制主干的逻辑，对功能完整的模块采用子程序编写，这样主程序调用子程序实现控制。

FANUC 机器人的编程是类 C 语言的编程，当执行"CALL PROG"指令时，调用子程序，程序编译时相当于把子程序搬到主程序来执行，当执行完 PROG 子程序后，主程序的程序指针会让程序在"CALL PROG"的下一行继续向下执行。

表 2-5 是对表 2-4 问题数值化后的结果，表 2-6 和表 2-7 规划了编程过程涉及的元件和子程序功能。

表 2-5 数值化处理和子程序规划

输入信号				模具五金件放置关系			
DI103	DI102	DI101	对应寄存器值 R2	3#	2#	1#	对应子程序
0	0	1	1	a	a	a	PROG1
0	1	0	2	a	b	a	PROG2
0	1	1	3	c	a	a	PROG3
1	0	0	4	c	b	a	PROG4

表 2-6 机器人信号与寄存器整理

机器人元件	功能	机器人元件	功能
DI101~DI103	采集组合的指令	R2	将 D101~DI103 的组合数值化处理
		R1	1:产品合格，2：产品不合格
		R3	机器人搬运的合格成品数计算
		R4	机器人搬运的不合格成品数计算

表 2-7 机器人子程序功能规划

子程序名称	功能	子程序名称	功能
PROG1	五金件方式 1 放置	AHG	搬运合格成品
PROG2	五金件方式 2 放置	BHG	搬运不合格成品
PROG3	五金件方式 3 放置	HGGZ	合格成品箱子盖章
PROG4	五金件方式 4 放置	BHGGZ	不合格成品箱子盖章

图 2-35 所示是根据控制要求设计的算法流程图，其中可以看出逻辑上涉及多条分支和汇合，若单纯采用跳转指令在一个程序中完成所有功能会导致程序结构臃肿、阅读性差。为了使程序可以让外部信号启动，主程序采用 RSR0001 进行命名（用 RSR 或 PSN 开头的程序）；子程序则采用具有易于表达功能含义的英文和字母进行命名，不需占用 RSR 或 PSN 开头的程序。

在 FANUC 机器人编程中**一般采用 IF 指令进行判断，采用 JMP 指令进行跳转，采用 Select 指令进行选择**，学习者从指令的使用技巧出发将程序算法流程图表达为指令。

在本任务中，机器人的第六轴要完成五金件搬运和合格 / 不合格产品的盖章，因此第六轴的夹具是多头夹具，机器人通过变换不同的夹具方向来实现不同的任务，若采用更换夹具的方式设计，将降低机器人运动效率并增加夹具设计的复杂性。

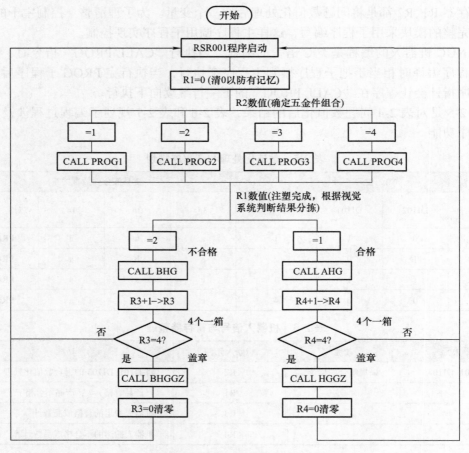

图 2-35 算法流程图

根据图 2-35，FANUC 机器人的主程序表达如下，子程序涉及 DO 端口的输出（例如控制盖章和夹具），读者可根据实际自行编写。

程序名称：RSR0001

```
1:    LBL[1]
```

```
2 :     R[1]=0
3 :     IF（DI[103]=OFF AND DI[102]=OFF AND DI[101]=ON）THEN
4 :     R[2]=1
5 :     IF（D[I103]=OFF AND DI[102]=ON AND D[I101]=OFF）THEN
6 :     R[2]=2
7 :     IF（DI[103]=OFF AND DI[102]=ON AND DI[101]=ON）THEN
8 :     R[2]=3
9 :     IF（DI[103]=ON AND DI[102]=OFF AND DI[101]=OFF）THEN
10 :    R[2]=4
11 :    else
12 :    R[2]=0                          考虑不在组合内的其他情况
13 :    ENDIF
14 :    SELECT R[2]=1,CALL PRPG1
15 :            =2,CALL PRPG2
16 :            =3,CALL PRPG3
17 :            =4,CALL PRPG4
18 :        JMP LBL[1]                  考虑不在正常选择范围内的其他情况
19 :    LBL[2]
20 :    SELECT R[1]=1,LBL[3]            合格盖章
21 :            =2,LBL[4]              不合格盖章
22 :    ELSE, JMP LBL[2]               若视觉系统让R1=0，则未判断完，调整回
23 :    LBL[3]                         LBL[2]原地等待
24 :    CALL AHG
25 :    R[4]=R[4]+1
26 :    IF R[4]<4, JMP LBL[1]
27 :    CALL HGGZ
28 :    R[4]=0                          R4清零
29 :    JMP LBL[1]
30 :    LBL[4]
31 :    CALL BHG
32 :    R[3]=R[3]+1
33 :    IF R[3]<4, JMP LBL[1]
34 :    CALL BHGGZ
35 :    R[3]=0                          R3清零
36 :    JMP LBL[1]
       END
```

任务四 用 FOR 指令实现雕刻深度控制

雕刻是机器人典型应用之一，目前一些机器人公司有专用的雕刻指令包，只需将三维图导入专门的处理软件即可。图 2-36a 所示是采用机器人雕刻石膏像，图 2-36b 所示是安装在机器人第六轴上的电动雕刻刀，这把雕刻刀可以自动旋转，其采用直流电动机控制。本任务是雕刻中的其中一段程序。

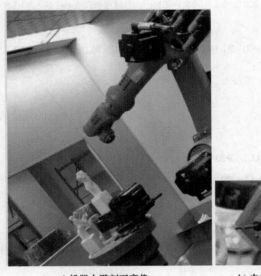

a) 机器人雕刻石膏像   b) 电动雕刻刀

图 2-36 机器人雕刻应用

任务描述：机器人在雕刻任务中，对较深的孔需要逐次进给，若一次到位，会导致雕刻刀断裂和电动机过载。机器人第六轴上装有电动雕刻刀，由 DO101 信号控制其启停，现机器人需要在 16mm 的石膏圆柱体上加工出直径为 10mm、长为 6mm 的圆柱体，分 3 次逐次进给 2mm 进行切削。加工位置效果如图 2-37 所示。

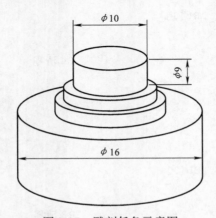

图 2-37 雕刻任务示意图

任务分析：根据任务要求，在图 2-37 中机器人循环三次作同心圆运动，每次在 16mm 坯件上切削的进给为 2mm，最后形成的凸出圆柱体高 6mm。程序设计时采用 PR

寄存器作点坐标的运算，用 R 寄存器作循环次数的计算。雕刻算法流程图如图 2-38 所示。

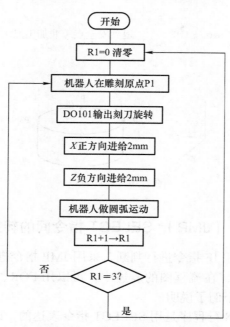

图 2-38　雕刻算法流程图

按图 2-39 确定原始坯件的圆弧点，本任务采用 FOR 指令实现，具体程序如下：

```
1 :     UTOOL_NUM=1              采用工具坐标 1
2 :     UFRAME_NUM=1            采用用户坐标 1
3 :     LBL[1]
4 :     DO[101]=OFF             关闭刻刀电动机
5 :     R[1]=0                 备份原始数据
6 :     PR[1]=P[1]
7 :     PR[2]=P[2]
8 :     PR[3]=P[3]
9 :     PR[4]=P[4]
10 :    LBL[2]
11 :    FOR R[1]= 0 TO 2       循环 3 次
12 :    J P[1] 100% FINE
13 :    DO[101]=ON             开启刻刀电动机
14 :    PR[1,1]=PR[1, 1]+2     P1 点先向 X 正方向进给 2mm
15 :    L PR[1] 10mm/sec FINE
16 :    PR[1,3]=PR[1, 3]-2     P1 点再向 Z 负方向进给 2mm
17 :    PR[2,1]=PR[2, 1]+2     将 P2、P3、P4 调整到与最新的 P1 同一个平面
18 :    PR[2,3]=PR[2, 3]-2
19 :    PR[3,1]=PR[3, 1]+2
20 :    PR[3,3]=PR[3, 3]-2
21 :    PR[4,1]=PR[4, 1]+2
22 :    PR[4,3]=PR[4, 3]-2
23 :    L PR[1] 10mm/sec FINE
24 :    C PR[2]
25 :       PR[3] 2mm/sec FINE
26 :    C PR[4]
```

```
27：    PR[1] 2mm/sec FINE
28：  R[1]=R[1]+1
29：  DO[101]=OFF
30：  L P[5] 100mm/sec FINE        退到安全点（非加工点）
31：  ENDFOR
      END
```

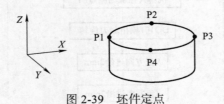

图 2-39 坯件定点

任务五 学习 FOR、IF（JMP）、SELECT 指令间的转换

在任务三中提到"采用 IF 指令进行判断，采用 JMP 指令进行跳转，采用 Select 指令进行选择"是常规的思路，在流程图的表述中，可以用 FOR、IF、SELECT 表达分支或循环的次数。下面通过两个例子说明。

例 2-3：任务三 14~18 行程序是用 SELECT 指令表达的，改用 IF 指令表述如下：

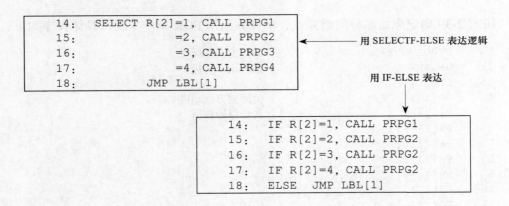

例 2-4：任务四 10~31 行是用 FOR 指令表达的，改成用 IF 指令表达要考虑 R1 的迭代增 1，FOR 指令可以让 R[1] 循环一次增 1，IF 指令中要注意 R1 是"先增 1 再执行任务"还是"先执行任务再增 1"计算的数值是不同的。

原 FOR 指令表达：

```
10：  LBL[2]                    21：  PR[4,1]=PR[4, 1]+2
11：  FOR R[1]= 0 TO 2          22：  PR[4,3]=PR[4, 3]-2
12：  J P[1] 100% FINE          23：  L PR[1] 10mm/sec FINE
13：  DO[101]=ON                24：  C PR[2]
14：  PR[1,1]=PR[1, 1]+2        25：    PR[3] 2mm/sec FINE
15：  L PR[1] 10mm/sec FINE     26：  C PR[4]
16：  PR[1,3]=PR[1, 3]-2        27：    PR[1] 2mm/sec FINE
17：  PR[2,1]=PR[2, 1]+2        28：  R[1]=R[1]+1
```

```
18:    PR[2,3]=PR[2, 3]-2          29:    DO[101]=OFF
19:    PR[3,1]=PR[3, 1]+2          30:    L P[5] 100mm/sec FINE
20:    PR[3,3]=PR[3, 3]-2          31:    ENDFOR
```

改成 R1 先增 1 再执行任务：

```
10:    LBL[2]
11:    J P[1] 100% FINE
12:    DO[101]=ON
13:    R[1]= R[1]+1
14:    PR[1,1]=PR[1, 1]+2
15:    L PR[1] 10mm/sec FINE
16:    PR[1,3]=PR[1, 3]-2
17:    PR[2,1]=PR[2, 1]+2
18:    PR[2,3]=PR[2, 3]-2
19:    PR[3,1]=PR[3, 1]+2
20:    PR[3,3]=PR[3, 3]-2
21:    PR[4,1]=PR[4, 1]+2
22:    PR[4,3]=PR[4, 3]-2
23:    L PR[1] 10mm/sec FINE
24:    C PR[2]
25:      PR[3] 2mm/sec FINE
26:    C PR[4]
27:      PR[1] 2mm/sec FINE
28:    IF R[1]=3, JMP LBL[1]
29:    else
30:    DO[101]=OFF
31:    L P[5] 100mm/sec FINE
32:    JMP LBL[2]
       ENDIF
```

改成先执行任务 R1 再增 1：

```
10:    LBL[2]
11:    J P[1] 100% FINE
12:    DO[101]=ON
13:    PR[1,1]=PR[1, 1]+2
14:    L PR[1] 10mm/sec FINE
15:    PR[1,3]=PR[1, 3]-2
16:    PR[2,1]=PR[2, 1]+2
17:    PR[2,3]=PR[2, 3]-2
18:    PR[3,1]=PR[3, 1]+2
19:    PR[3,3]=PR[3, 3]-2
20:    PR[4,1]=PR[4, 1]+2
21:    PR[4,3]=PR[4, 3]-2
22:    L PR[1] 10mm/sec FINE
23:    C PR[2]
24:      PR[3] 2mm/sec FINE
25:    C PR[4]
26:      PR[1] 2mm/sec FINE
27:    R[1]= R[1]+1
28:    IF R[1]=2, JMP LBL[1]
29:    else
30:    DO[101]=OFF
31:    L P[5] 100mm/sec FINE
32:    JMP LBL[2]
       ENDIF
```

项目三　焊接程序编程与调试

　　焊接是金属加工的一项技术，用于永久性连接金属材料，利用加热或加压的手段借助金属原子的扩散和结合将分离工件连接牢固，广泛应用于汽车生产、模具制造、水泵生产、建筑施工、桥梁焊接等各个领域。目前增材制造（3D）技术正不断成熟，金属的 3D 打印金属粉的生产和金属打印机的采购价格不菲，焊接在一段较长时期仍然是不可替代的金属加工方法。本项目从学习焊接的基本技能出发，学习机器人激光焊接、氩弧焊焊接、铝焊焊接三个典型工作任务，掌握机器人在焊接领域的系统集成方法。

　　焊接属于热加工，焊接过程会导致工件变形，因此与焊接加工对应的焊接夹具设计是一项重要技术。焊接可以将相同材料的金属工件焊接在一起，也可以把不同材料的金属工件焊接在一起（例如合金钢与 45 钢）。

任务一　学习焊接基础知识与工艺要求

一、焊接分类

　　根据具体工艺和焊接方法的不同，将焊接分为熔焊、压力焊、钎焊三大类，见表 2-8。

表 2-8　焊接分类

熔焊		压力焊	钎焊及封粘
电弧焊	手弧焊	电阻焊（电焊、缝焊、对焊）	软钎焊
	气体保护焊（氩弧焊、CO_2 气体保护焊）	摩擦焊	硬钎焊
	埋弧焊	超声波焊	封接
电渣焊		爆炸焊	粘接
等离子焊接		扩散焊	
电子束焊		高频焊	
激光焊			

二、电焊机及其工作原理

电焊机用于提供焊接所需的能量，有交流弧焊机和直流弧焊机两大类。交流弧焊机是一种降压变压器，属于特殊变压器，广泛应用于手弧焊、埋弧焊、钨极氩弧焊；交流弧焊机结构简单，易维修，成本低，但其电弧不稳定，导致焊接质量不高。直流弧焊机制造复杂，其电流稳定，焊接质量好。

（一）交流弧焊机

交流弧焊机一次绕组输入 220V/380V 交流电，二次绕组输出 60~80V 空载电压，当二次绕组上的焊条与工件起弧后，电焊机输出电压将为 20~40V。动心式交流弧焊机的一、二次绕组固定在变压器的铁心上，中间放置一个活动的铁心，通过改变铁心的位置来改变绕组磁通量的大小，从而调整输出电压或输出电流。动圈式交流弧焊机一次、二次绕组匝数相同，绕在口字形铁心上，当转换开关换挡时通过传动机构带动二次绕组上下移动，从而改变输出电流。抽头式交流弧焊机的一次绕组绕在两个铁心上，二次绕组绕在一个铁心上，一次侧有多个抽头，通过转换开关改变一次绕组与二次绕组的匝数比来调节输出电压与电流。三种交流弧焊机外观如图 2-40 所示。

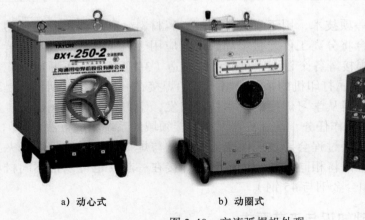

a) 动心式　　　　　　　　　b) 动圈式　　　　　　　　　c) 抽头式

图 2-40　交流弧焊机外观

交流弧焊机的二次绕组分别接在焊钳和"搭铁"上，电缆的载荷能力是有要求的，最好选用多股铜芯线，电缆运行电流与输出电流的关系见表 2-9。在系统集成时要根据焊接电流选择漏电开关的型号和电线的线径，特别是一个车间同时使用多台焊机时必须保证入户线有足够的功率。

表2-9　导线长度、焊接电流、导线线径之间的关系

导线横截面积 /m²（铜） ＼ 焊接电流 /A ＼ 导线长度 /m	20	30	40	50	60	70	80	90	100
100	25	25	25	25	25	25	25	28	36
150	35	35	35	35	50	50	60	70	70
200	35	35	35	50	60	70	70	70	70
300	35	50	50	60	70	70	70	85	85
400	35	50	50	85	85	85	95	95
500	50	60	60	85	95	95	95	120	120
600	60	70	70	85	95	95	120	120	120

（二）直流弧焊机

常用的直流弧焊机有整流式弧焊机和逆变式弧焊机：整流式弧焊机相当于在交流弧焊机上加上整流器；逆变式弧焊机把50Hz的交流电整流、滤波变成平滑的直流电再逆变成中频交流电（频率为几千Hz）。逆变式弧焊机体积相对较小，稳定性较高。直流弧焊机有正反两种焊接接法，如图2-41所示。

1）正接法：工件接焊机的正极，焊条接焊机的负极，用于焊接厚钢板，发热量较大。

2）反接法：工件接焊机的负极，焊条接焊机的正极，用于焊接薄钢板，发热量较小。

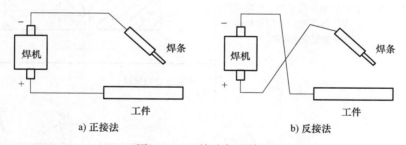

a) 正接法　　　　　　　　　　　　　　　　b) 反接法

图2-41　正接法与反接法

三、焊缝接头的设计

焊缝接头的形式决定焊件质量高低，要根据焊件结构形状、强度要求、工件厚度、焊接后变形大小的要求等因素进行选择。碳钢和低合金钢的接头形式主要有对接接头、T形接头、角接接头和搭接接头四种。为了保证焊接牢固、厚度较大的焊件能焊透，往往在焊件上磨出缺口再进行焊接，这些缺口称作坡口。常见坡口及焊接示意图见表2-10。

图2-42所示是不能出现的焊接方式，其焊缝不深或超过60°会导致焊接不牢固出现虚焊。

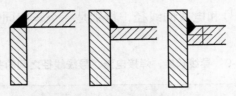

图 2-42　不允许的焊接

表 2-10　焊缝形式和焊接示意图

序号	接头分类	特点	接头形状
1	对接接头	受力均匀，在静载和动载作用下都具有很高的强度，且外形平整美观，是应用最多的接头形式。但对焊前准备和装配要求较高	I 形接口 Y 形接口 双 Y 形接口 带钝边 U 形接口

（续）

序号	接头分类	特点	接头形状
2	T形接头	广泛应用在空间类焊件上，具有较高的强度，如船体结构中约70％的焊缝采用了T形接头	I形坡口 带钝边双单边V形接口
3	角接接头	通常只起连接作用，只能用来传递工作载荷	I形坡口 带钝边V形坡口

（续）

序号	接头分类	特点	接头形状
3	角接接头	通常只起连接作用，只能用来传递工作载荷	Y 形坡口 带钝边双单边 V 形坡口
4	搭接接头	焊前准备简便，但受力时产生附加弯曲应力，降低了接头强度	点焊 缝焊 塞焊或槽焊

四、保护气体及气源使用方法

电焊可以分为 TIG 焊（非熔化极惰性气体保护电弧焊）和 MIG（熔化极惰性气体保

护电弧焊）焊。TIG 焊利用钨极和工件之间的电弧使金属熔化形成焊缝；焊接过程钨极不熔化，只起电极的作用，同时由焊炬的喷嘴送出氩气作保护。MIG 焊是利用连续送进的焊丝与工件之间燃烧的电弧作为热源，由焊炬喷嘴喷出的惰性气体保护电弧来进行焊接的；MIG 焊通常用氩气、氦气或这些气体的混合气作为保护气体。

保护气体在焊接过程中起到保护金属熔滴、提高焊接质量的作用，能防止固化中的熔融焊缝发生氧化，阻挡杂质和空气中的湿气，使焊枪冷却。单一保护气体有氩气（Ar）、氦气（He）和 CO_2 气体。一种气体中加入一定分量的另一种或两种气体后，可以细化熔滴、减少飞溅、提高电弧的稳定性。常用的混合气体有：Ar+He、Ar+H_2、Ar+O_2（O_2 量为 1%）、Ar+CO_2 或 Ar+CO_2+O_2。

图 2-43 所示是氩气瓶的结构，充装满氩气后标准压力最大为 15MPa，工作时根据焊枪移动的速度用流量阀调节气流大小，焊枪移动速度与气流的关系如图 2-44 所示。氩气在焊枪中喷出，对钨极和工件的焊缝起到隔离氧气，在高温下防止氧化的作用，气流是柔性的，焊接过程应调节适中，孔径为 12~20mm 的喷嘴最佳氩气流量为 8~16L/min。

图 2-43　氩气瓶部件

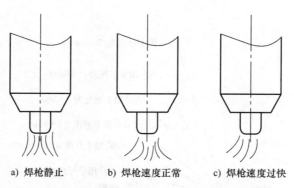

a) 焊枪静止　　　b) 焊枪速度正常　　　c) 焊枪速度过快

图 2-44　氩气流量一定时焊枪移动速度的气流效果

氩气的充装需要有专门的生产商，氩气瓶的操作要注意以下规范：

1）氩气瓶上应贴有出厂合格标签，纯度 ≥ 99.95%，气瓶中的氩气不能用尽，余压应 ≥ 0.5MPa，以保证充氩纯度。

2）流量计应开闭自如，没有漏气现象。开气时应先用手轮开气瓶总阀，再调节流量计（阀）；关气时先关流量计，再关气瓶总阀。切不可先开流量计后开气瓶总阀，造成高压气流直冲低压损坏流量计。

3）输送氩气的胶皮管不得与输送其他气体的胶皮管互相串用，长度不超过 30m。

4）氩气瓶要立放固定，并放置在离明火 3m 以外的安全地方，用完后立即关闭氩气防止自然泄漏。

五、焊接工艺

为了获得优质的焊缝，焊丝应作均匀的摆动，主要有直线摆动、横向摆动、上下摆动三种，如图 2-45 所示。FANUC 机器人有专门的摆焊指令实现图 2-45 所示的焊接方式。

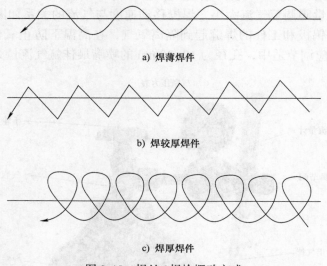

a) 焊薄焊件

b) 焊较厚焊件

c) 焊厚焊件

图 2-45　焊丝 / 焊枪摆动方式

焊接时焊条（焊枪）角度与工件之间的夹角应根据焊件的厚度来确定，可以参考图 2-46。

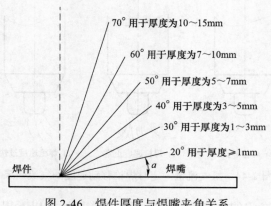

70° 用于厚度为 10~15mm
60° 用于厚度为 7~10mm
50° 用于厚度为 5~7mm
40° 用于厚度为 3~5mm
30° 用于厚度为 1~3mm
20° 用于厚度 ≥1mm

焊件　　　　　　　　a　焊嘴

图 2-46　焊件厚度与焊嘴夹角关系

焊接检测是为了保证焊接过程符合规范，让产品到达质量要求。焊接指标分为焊前、焊接过程、成品质量三大部分，具体指标如下：

（一）焊前检验

焊前检验包括检查产品图样、工艺规程技术文件、焊接设备、辅助工具是否完备，焊接构件金属和焊接材料的型号、材质是否符合设计规范，构件装配和坡口加工质量是否符合图样要求，焊接材料是否进行了去锈、烘干处理，操作者是否持证上岗等。

（二）焊接过程检验

焊接过程检验包括检验焊接过程中的焊接工艺参数设置是否正确，设备运行是否正常，夹具是否夹紧牢固，是否存在焊接缺陷等。对于焊接缺陷，尤其是采用多层焊接时，检查每层焊缝间是否存在裂纹、气孔、夹渣等缺陷，是否及时处理缺陷。焊接过程是否严格按照焊接工艺指导书的要求进行操作，包括对焊接方法、焊接材料、焊接规范、焊接变形及温度控制等方面进行检查。焊接设备在焊接过程必须运行正常，例如焊接过程中的冷却装置、送丝机构等。

（三）成品质量检验

成品检验的手段是多种多样的，根据技术条件和焊接的复杂程度来选用，可以分为非破坏性检验和破坏性检验两大类，见表2-11。图2-47列举了焊接质量的情况。

表 2-11　焊接成品质量指标

类别	检查目的	细分	检查手段	技术点
非破坏性检验	在不损坏成品的性能、完整性的前提下进行缺陷检验	外观检验	以肉眼观察为主，可借助焊缝万能量规和5~10倍的放大镜检查，重点检查焊接接头表面缺陷	焊缝表面气孔、咬边、焊瘤、焊穿、焊接表面裂纹、焊缝尺寸偏差（检验前将焊缝附近10~20mm的污物和飞溅物清理干净）
		致密性检验	气密性试验、氨气试验、煤油试验、水压试验、气压试验	重点检查焊接管道、盛器、密闭容器的焊缝是否不致密
		无损探伤检验	荧光检验、着色检验、磁粉检验、超声波检验、射线检验	检查表面裂缝、焊缝内部缺陷（形状、位置、大小）
破坏性检验	通过取样将产品做整体破坏试验，检查其力学特性、抗腐蚀性	力学试验	对焊接接头进行试验，对样板进行拉伸、弯曲、冲击以及硬度和疲劳强度试验	无折断和裂纹，称重合格
		化学分析及腐蚀试验	取样、熔敷分析	化学分析是检查焊缝的化学成分，腐蚀试验是检验抗腐蚀性
		金相检验	对焊接接头进行金相组织分析，了解焊缝各氧化物的数量、晶粒度、组织情况，从而研究各项性能及其工艺改进措施	对焊缝、热影响区、焊件金相组织进行金相检验

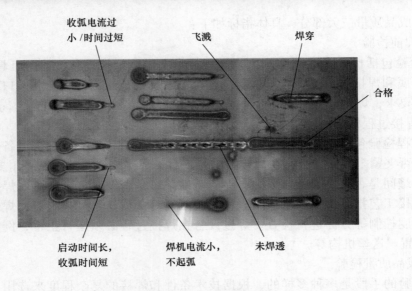

图 2-47　焊接质量举例

六、焊接安全操作规程

焊接属于特种作业，从业人员需要通过安监部门组织的焊工上岗证考试，持证上岗。焊接过程会接触强光、热辐射、大电流焊机，必须按照规程进行操作，注意做好以下安全事项：

1）操作前必须穿工作服、工作鞋，戴好面罩、手套、防目镜等防护用品，焊接过程产生的弧光包含紫外线、红外线、可见光三种强辐射，对眼睛和皮肤带来伤害，禁止裸眼看强光和穿短袖工作服；焊接过程产生的烟尘会危害健康，要注意防护。

2）开机前仔细检查焊机接地是否良好，焊接前调好焊机的工作电流，焊接过程禁止调节电流以防损坏焊机。

3）不能用手套代替钢丝刷清理工件，刚焊好的工件不要直接用手取放，以免烫伤。

4）操作结束，清理工位；遇到事故，按规范进行报告和急救。

任务二　机器人激光焊接线、调试与编程

激光焊接是一种先进的高精密焊接技术，焊接过程属热传导型，其利用高能量密度的激光束作为热源，通过控制激光脉冲的宽度、能量、峰值功率和重复频率等参数，使工件熔化，形成特定的熔池，特别适合薄壁材料、微型零件和可达性差的部位的焊接。激光焊热输入低，焊接变形小，不受电磁场影响，焊点小无需打磨，是备受青睐的一种焊接方式。本任务通过学习 FANUC 机器人与大族激光焊机 WF300 的接线、编程与调试，掌握机器人在激光焊接中的应用。

一、大族激光焊机的产品结构与维护

机器人要与外部设备联合工作不是单纯考虑 I/O 信号就行，机器人控制外部设备首先要学会外部设备的正确使用，机器人编程只是完成轨迹运动和 I/O 信号处理，焊接任务需要外部设备来完成。图 2-48 列出了激光焊机的整体结构。从熟悉激光焊机的使用出发，学会参数调节和焊机维护让机器人焊接工作站的集成能顺利完成。

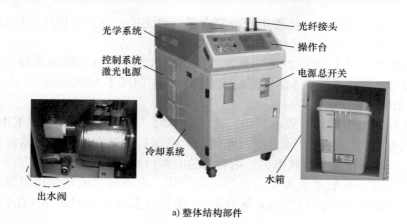

a) 整体结构部件

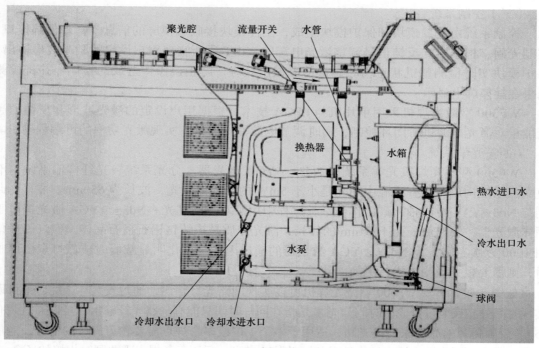

b) 冷却系统

图 2-48　WF300 型激光焊机结构位置

　　WF300 型激光焊机用光纤传输激光能量，属于灯泵浦（氙灯）固体激光焊机，其以高能量脉冲式激光完成焊接。激光电源把脉冲氙灯点亮进行预燃，在微控制器的控制下通过激光电源对氙灯脉冲放电，产生一定频率和脉宽的光波。该光波经过陶瓷反射腔辐射到 Nd3+：YGA 激光晶体上，激发 Nd3+：YGA 晶体发光，再经过激光谐振腔发出波长为 1064nm 的脉冲激光。该激光经过耦合、光纤传输、扩束、聚焦后打在要焊的物体上。

　　WF300 型激光焊机由冷却系统、激光电源、控制系统、光学系统四大模块组成。

（一）冷却系统

　　设备工作期间会产生大量热量，若不及时消除，会造成激光器温度过高，烧坏氙灯和激光棒。冷却系统包括水箱、水泵、换热器、冷水机、风扇，聚光腔和电源散热器产

115

生的热量通过内循环系统在换热器中与冷却水进行热交换，通过外循环将热量散发出去，冷却水采用纯净水，以免沉积产生水垢。

冷却水的更换：先打开图 2-48 中的出水阀，让水流干净后关闭出水阀，之后在水箱中加纯净水即可，加的水位在 MAX 刻度线下即可（不能低于 MIN 刻度）。

（二）激光电源

激光电源包含充电模块、放电模块、储能电容组，采用功率晶体管（IGBT）进行驱动，开机时充电电源给电容组预充电，充到一定电压后启动高压电灯电路将氙灯点亮并维持较小电流。进入正常工作状态后，电容组的电能由充电模块维持。

要产生激光时，控制系统发生信号到放电模块，电容通过放电模块对氙灯注入大功率电能（注入电能的功率通过控制系统设定），使氙灯发出强光照射在 YGA 晶体上发出激光。

（三）控制系统

控制系统由主控模块和保护模块组成，主控模块接收触摸屏的信息、管理外部接口、控制光闸、根据激光反馈信号调整激光电源的 IGBT 通断实现用户设定的激光波形输出；保护模块实时检测整机状态，对异常情况做出反应，防止误操作造成的损坏，并将检测结果在触摸屏上显示。

WF300 型激光焊机采用单片机与 FPGA 技术，根据用户设定的激光波形和反馈的激光能量对激光电源进行闭环控制，实时调节电源输出能量，实现激光功率的可编程输出。

（四）光学系统

WF300 型激光焊机光学系统由 Nd3+：YGA 激光器、分光系统、光纤传输系统、准直聚焦系统构成。准直光源中的光是小于 5mW 的半导体激光，波长为 650nm，准直光调到与 Nd3+：YGA 同轴，最后作为示教过程中用于对点的红光。Nd3+：YGA 激光器属于固体激光器，输出波长为 1064nm 的红光，激光介质是掺钕钇铝石榴石晶体。氙灯一般使用 1000 万次左右，当 Nd3+：YGA 激光器的输出因氙灯老化明显减弱时或氙灯点燃困难时，则需要根据说明书进行更换。

如图 2-49 所示，WF300 型激光焊机可以实现四路光纤输出，通过安装 45° 反射镜可以实现时间分光或能量分光。时间分光 T 是指在同一时间只能有一路光纤输出，可以通过装有45° 全反射镜片的光闸来切换光路，适用于多个工位或多个焊点需要轮流焊接的情况。能量分光 E 是在不同光路上同时输出能量相同的脉冲激光，适用于各焊点需要同时焊接的场合。

a) 焊机光纤线

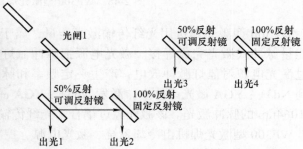
b) 2E2T分光输出

图 2-49　分光输出

二、光纤连接

激光发生器的能量通过光纤向外传输，光纤在光路中的正确连接能够保证激光顺利打到工件上。

（一）光纤与耦合器的连接

如图 2-50 所示，将光纤面凸起部分插入耦合器（连接头）凹槽，然后锁紧螺母即可。

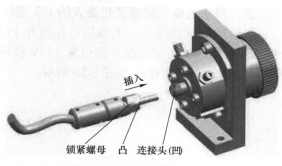

图 2-50 光纤与耦合头连接

（二）光纤与准直聚焦头的连接

光纤输出的激光通过准直透镜变成平行光，再经过聚焦透镜聚焦作用在工件上，完成焊接。WF300 型激光焊接标准配置不带 CCD 的准直聚焦头，如图 2-51 所示。光纤接入准直聚焦头，如图 2-52 所示将光纤端面凸起部分插入到准直聚焦头凹槽位置，然后锁紧螺母即可。

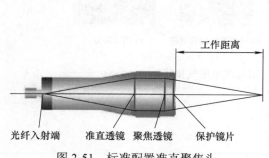

图 2-51 标准配置准直聚焦头

图 2-52 光纤与准直聚焦头的连接

在图 2-53 所示的准直聚焦头中，保护头内通入氩气与激光一起通过出口作用在工件上，焊机工作时间长了会在聚焦头的镜面上出现碳化的黑尘，所以镜面要定时清洁。清洁时，要用专用镜面清洁布以免磨花镜面。

图 2-53 准直聚焦头外观与保养

三、焊机的电气接线及机器人的 I/O 接线

焊机的电气接线分为电源供电接线和 I/O 信号线，接线位置如图 2-54 所示，内部电路框图如图 2-55 所示。航空插包含 380V 接线脚 1-U、2-V、3W，零线接线脚 4-N，地线接线脚 5-E。主电路接线如图 2-56 所示。

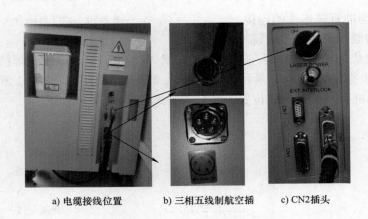

a) 电缆接线位置　　　b) 三相五线制航空插　　　c) CN2 插头

图 2-54　激光焊机电气接线

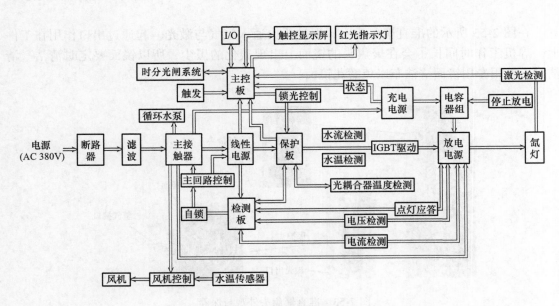

图 2-55　内部电路框图

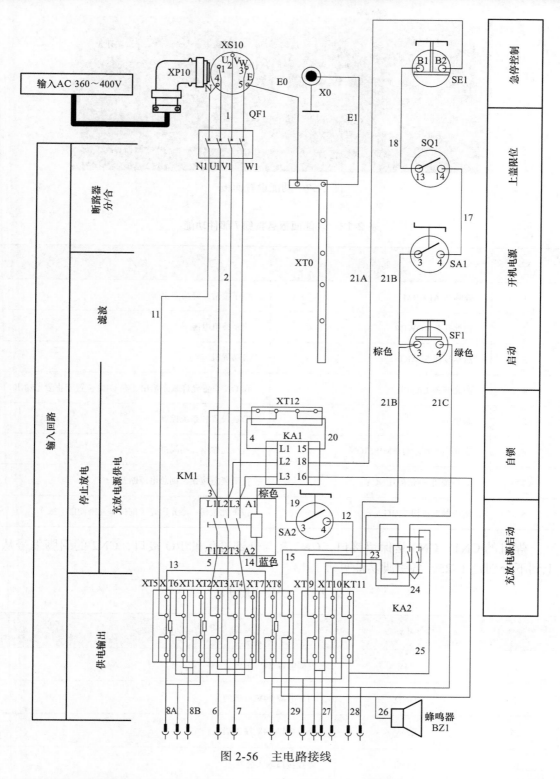

图 2-56　主电路接线

　　开机时先闭合图 2-48 的电源总开关（三相断路器），图 2-57 所示的工作面板才能产生作用，各按钮的功能见表 2-12。

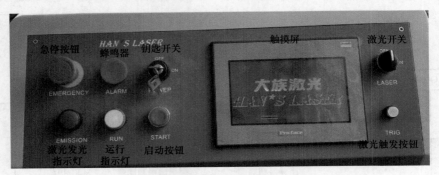

图 2-57　功能设置面板

表 2-12　功能面板各按钮 / 部件功能

序号	部件	功能
1	蜂鸣器 ALARM	相序接错，蜂鸣器报警
2	钥匙开关 POWER	控制整机电源
3	启动按钮 START	启动焊机
4	激光开关 LASER	在 ON 位置允许激光输出，在 OFF 位置禁止激光输出
5	触摸屏	参数设置和系统控制
6	激光出光指示灯 EMISSION	有激光输出，则闪烁
7	急停按钮 EMERGENCY	按下紧急按钮，则总电源断开
8	激光触发按钮 TRIG	按下此按钮，激光出光（前提是光闸使能有效）

焊机的 CN1、CN3 是保留接口，CN2 是与外部通信的 I/O 接口，CN2 的引脚编号从上到下分别是 1~25，各引脚功能见表 2-13。

表 2-13　CN2 引脚功能

引脚编号	名称	功能
1	24V	内部电源 24V 正极
2	GND	内部电源 24V 负极
16	E24V	外控接口 24V 输入端
17	COM	外控接口输入公共地
3	GATEM	当此引脚信号有效时，主光闸切换到正常出光的有效状态，激光输出

（续）

引脚编号	名称	功能
4	GATE1	当此引脚有信号时，第一分光闸切换到出光有效状态
5	GATE2	当此引脚有信号时，第二分光闸切换到出光有效状态
6	GATE3	当此引脚有信号时，第三分光闸切换到出光有效状态
7	LaserTrig	当此引脚有信号时，将会产生激光输出，输入有效时间最少为1ms，为保证信号被识别到，触摸屏可设置此端口是否有效
8~13	WAVE	外控切换波形信号
14	NC	预留输入端
15	FadeStart	渐变复位信号
18	GateReady	当所有光闸控制要求到达指定位置后，这个信号变为有效
19	LaserOut	激光脉冲正在输出时，这个信号有效
20	DeViceReady	当所有状态都正常时，这个信号有效
22	LaserTrigEn	判断是否允许接收新的 LaserTrig 信号
23~25	NC	预留输出端

　　内部电源的输出电流小于 200mA，为了获得足够功率，一般使用外部电源 24V 供电，当不使用外部电源 24V 供电时，使用内部电源 24V 则需要将 1-16、2-17 两对引脚相连。

　　根据表 2-13，FANUC 机器人与 WF300 型激光焊机 CN2 口的接线如图 2-58 所示。FANUC 机器人 Mate 柜中 CRMA15、CRMA16 板是外部的 I/O 信号板（在第三部分中详细介绍），CRMA15 号板的 17、18 号端子是机器人内部电源输出 24V 的负极，49、50 号端子是机器人内部电源输出 24V 的正极，30、31 号端子是机器人输出信号的公共端。

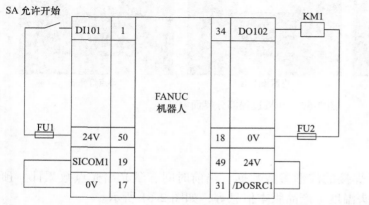
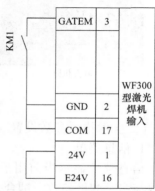

图 2-58　机器人与 CN2 口接线

四、焊机参数设置

（一）正常开机流程

检查水箱水位正常，打开散热器的断路器，如图 2-59a 所示→检查焊机和机器人是否正常，松开焊机功能面板的急停按钮→打开焊机电源总开关，如图 2-59b 所示→钥匙开关打到 ON →按下绿色启动按钮，各按钮位置如图 2-57 所示。关机则用触摸屏的关机功能，实行软关机后先关闭焊机电源总开关，钥匙开关打到 OFF 再关闭散热器断路器。

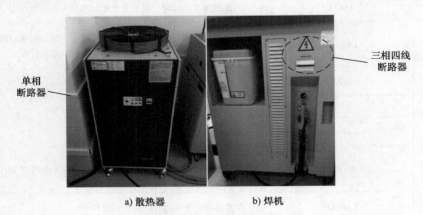

a) 散热器　　　　　　　　　b) 焊机

图 2-59　散热器与焊机电源位置

焊机电源启动后，触摸屏会显示"热机"的过程，时间大约需要 20min，启动过程不要触碰触摸屏和关断电源，若开机过程出现意外中断，应复位所有开关再执行一次开机流程。出现意外中断时至少要间隔 2min 再开机，以防氙灯未完全关闭又启动，对电路造成冲击。

开机过程触摸屏会显示系统启动的过程信息，图 2-60 所示是其中的三个界面，正常的上电信息出现顺序：电源箱上电完成！（电源启动完成）→主模块通信检测…（与主控板联络检测中）→保护模块通信检测…（与保护板联络检测中）→点灯……（正在点灯）→点灯完成。

a) 开机时　　　　　　　b) 电源箱上电　　　　　　　c) 点灯完成

图 2-60　开机过程部分界面

（二）触摸屏参数设置

1. 信息菜单

信息菜单显示当前用于焊接的波形参数数据、当前时间、激光出光点数累计、预设参数与实时测量参数、耦合头温度、产品版本信息等，如图 2-61 所示。

电光转化率为前次输出激光能量值与激光电源的输出总能量的比值，反映电能转换为光能的效率。

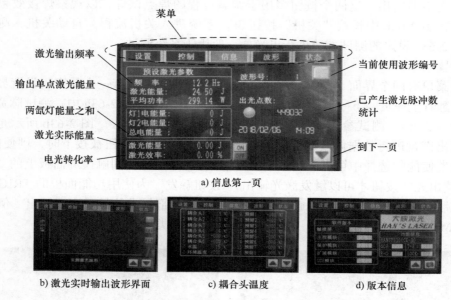

a) 信息第一页

b) 激光实时输出波形界面

c) 耦合头温度

d) 版本信息

图 2-61　信息菜单

2. 控制菜单

在控制菜单中可以借助红光进行焊接对点，红光打在工件的位置就是实际激光工作时打的位置。控制菜单有三个页面，如图 2-62 所示。在图 2-62c 中，点击"红光指示"，前面的黑色方块变为红色状态，则红光输出有效。主光闸、分光闸 1、分光闸 2、分光闸按钮 3 左边方块分成两层，若黑色方块在上层，则表示光闸关闭；若黑色方块在下层，则表示光闸打开；若两层都为黑色方块，则表示本焊机没有此光闸。

a) 光闸与出光界面

b) 挡光器界面

c) 关机、测试、清零界面

图 2-62　控制菜单

123

图 2-62c 中点击"单点出光"按钮一次则输出一个脉冲激光，按下"连续出光"按钮则脉冲激光不断输出，这两个按钮多用于调试过程的焊点试焊，以观察焊接效果是否符合要求。在图 2-62b 中长按"关机"按钮 3s，系统进入关机流程，自动关机，测试模式时按照图 2-63a 设定的测试参数进行出光，一般用于系统调试。

3. 设置菜单

设置菜单有四个界面，图 2-63 所示是其中三个界面，还有一个是密码设置界面，通过右下角翻看上一页、下一页的三角形按钮进行界面切换。图 2-63a 中，测试脉宽的时间设置最大为 51ms，测试参数一般用于系统调试，用户无需理会。图 2-63b 所示是点击参数热区调出键盘进行数据修改的界面。如图 2-63c 所示，当按钮被按下时，则使能有效。在激光触发使能的选择中可以多选，选择了"触摸屏触发"，则触摸屏面板上的"单点出光""连续出光"按钮才可以触发激光输出；"按钮触发"为使用功能面板的 TRIG 键是否有效的控制，选择了"外部接口触发"，则接收焊机外部触发信号后实现输出（例如 CN2 的 GATEM、GATE1~3 引脚信号）。光闸触发使能如此类推。

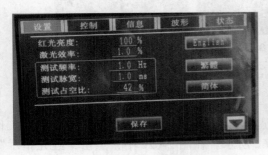

a) 语言、测试参数

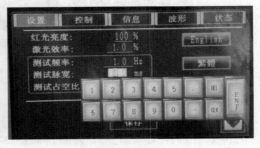

b) 调出设置键盘

c) 使能设置

d) 渐变使能设置

图 2-63 设置菜单

图 2-63c 给出了两种脉冲触发方式——脉冲、高电平，若选择"脉冲"按钮，则外部信号端产生一个低电平到高电平的跳变时，将触发激光器输出一个激光脉冲；若选择电平方式，则外部信号触发端为高电平时，激光器以设定频率连续发出激光。

图 2-63d 为能量渐变功能设置，多用于连续密封焊接，"缩放"系数用于设定以当前波形幅值的比例来放大 / 缩小激光能量，"点数"系数用于设定激光能量从前一个能量值渐变到后一个能量值时连续输出的激光点数。"时间"表示两个激光脉冲的时间间隔，若时间超过此设定值系统重新启动渐变过程，外部接口信号有效也可以强行重新启动渐变过程，从第一段渐变曲线开始运行。除第一段波形作为起始点，其他段最大可设 9999 点，

所有点数总和最大为 65000 点，波形放大参数最大可设置为 200%。若按图 2-64a 所示的列表设置，当"渐变使能"按钮按下时，可以得到图 2-64b 所示的能量渐变波形。

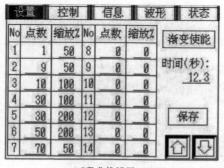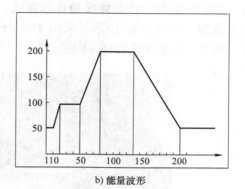

a) 7段曲线设置 b) 能量波形

图 2-64 能量曲线设置举例

4. 波形菜单

波形数据是指工作过程中 1 个触发脉冲输出的激光能量波形。可以设置 50 个波形，**每个波形含 14 段数据**，**每段**数据需要在图 2-65a 中设置时间、功率百分比两个参数；点击"编辑"按钮，进入图 2-65c 所示页面编辑**每一段的具体数据**。在图 2-65 所示的波形设置页面中，"装载波形"按钮用于选择加工时选定的是哪一个波形，选定后在图 2-65a 中会显示相应的波形号。曲线图、列表是同一个波形的两种不同显示方式。每段波形的百分比为 0%~100%，波形单点能量预设值不能超过 66J，焊接波形第一段的时间必须大于 0.2ms，每段波形的时间为 0.1~25ms，整个波形时间小于 50ms，否则系统会报错。

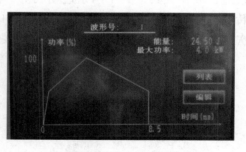

a) 列表显示一个波形共有多少段 b) 曲线形象显示一个波形完整设置

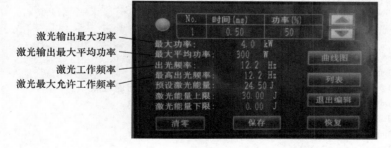

c) 一个波形中的某段参数设置

图 2-65 波形设置菜单

在图 2-65 中，一个波形设置了两段数据，激光的最大功率为 4kW，激光能量达到 100% 时为 24.5J。

五、不锈钢方管的激光焊接编程和调试

任务描述： 如图 2-66 所示，采用 45° 柔性夹具设计对 20mm×30mm×2mm 的方钢进行固定，机器人用激光焊机对方钢进行接口焊接。方钢的切口为 45°，毛边已经过打磨。

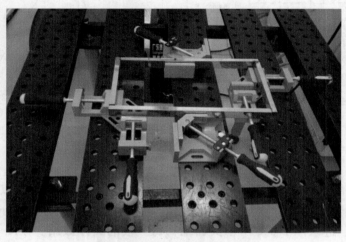

图 2-66　在夹具上固定的方钢

任务分析： 方钢的厚度只有 2mm，要焊接牢固必须保证夹具能将每一个接口顺利拼接，机器人执行的焊接任务需要焊接 4 个接口，一个接口不能一次完成（因一个接口有四条边，放在夹具上其中两条边朝底），为提高工作效率，焊接完一面后将方钢的半成品反转放在夹具上再执行一次焊接即可。由于方钢在夹具上的对称性，焊接程序只需示教一次执行两次即可。采用图 2-58 所示的接线，用图 2-65 设置的参数，参考程序如下：

```
 1：    UTOOL_NUM=1              采用工具坐标 1
 2：    UFRAME_NUM=1             采用用户坐标 1
 3：    LBL[1]
 4：    J P[1] 100% FINE         机器人在原始点
 5：    WAIT DI[101]=ON
 6：    J P[2] 100% FINE         机器人运动到第一个焊缝的逼近点
 7：    L P[3] 200mm/sec FINE    运动到第一个焊缝的起焊点
 8：    DO[102]=ON               打开激光
 9：    L P[4] 200mm/sec FINE    焊接第一条焊缝
10：    L P[5] 200mm/sec FINE
11：    DO[102]=OFF              关闭激光
12：    WAIT  0.5sec
13：    L P[6] 200mm/sec FINE    运动到中间安全点
14：    J P[7] 100% FINE         机器人运动到第二个焊缝的逼近点
15：    L P[8] 200mm/sec FINE    运动到第二个焊缝的起焊点
16：    DO[102]=ON               打开激光
17：    L P[9] 200mm/sec FINE    焊接第二条焊缝
18：    L P[10] 200mm/sec FINE
19：    DO[102]=OFF              关闭激光
20：    WAIT  0.5sec
```

```
21 :   L P[6] 200mm/sec FINE          运动到中间安全点
22 :   J P[11] 100% FINE              机器人运动到第三个焊缝的逼近点
23 :   L P[12] 200mm/sec FINE         运动到第三个焊缝的起焊点
24 :   DO[102]=ON                     打开激光
25 :   L P[13] 200mm/sec FINE         焊接第三条焊缝
26 :   L P[14] 200mm/sec FINE
27 :   DO[102]=OFF                    关闭激光
28 :   WAIT  0.5sec
29 :   L P[6] 200mm/sec FINE          运动到中间安全点
30 :   J P[15] 100% FINE              机器人运动到第四个焊缝的逼近点
31 :   L P[16] 200mm/sec FINE         运动到第四个焊缝的起焊点
32 :   DO[102]=ON                     打开激光
33 :   L P[17] 200mm/sec FINE         焊接第四条焊缝
34 :   L P[18] 200mm/sec FINE
35 :   DO[102]=OFF                    关闭激光
36 :   WAIT  0.5sec
37 :   JMP LBL[1]                     将工件反转后再次焊接
       END
```

任务三　机器人氩弧焊接线、调试与编程

一、氩弧焊焊接特点

氩气属于惰性气体，可在空气与焊件间形成稳定的隔离层，保证高温下焊缝不被氧气侵入而氧化；而且氩气不溶于液态金属，能保证熔池的焊接质量。氩弧焊焊接热量集中，焊接区域变形和应力小，特别适合薄件的焊接。缺点在于氩气制取成本高，钨极载流能力有限，只能用于小于 6mm 的薄板焊接。氩弧焊可焊接的材料范围较广，几乎适用于所有的金属材料，对不锈钢、铝、铜等有色金属及其合金有较高的焊接质量。

二、氩弧焊焊接工艺

（一）焊接电源极性

采用正接法（钨极接焊机正极）时，钨极温度较高，可用于焊接较厚的工件和散热快的金属；采用反接法（钨极接焊机负极）时，钨极温度低，可提高工作电流，钨极的损耗相对较小。焊接不同金属选择的接法可根据表 2-14 进行选择。

表 2-14　氩弧焊钨极接法选择

接法	焊接金属
直流正接	低合金高强钢、不锈钢、耐热钢、铜、钛及其合金
直流反接	适用于熔化极氩弧焊（MIG 焊）
交流接法	铝、镁及其合金（采用交流钨极氩弧焊时，阴极有去除氧化膜的破碎作用，可解决焊接氧化性强的铝、镁及其合金时其表面出现致密高熔点氧化膜的难题）

（二）钨针直径与电流关系

钨极（针）的直径要根据焊件的厚度、电源极性、焊接电流进行选择，若选用不当，会造成电弧不稳定、烧损钨极等问题。电源极性、钨极直径、焊接电流之间的关系见表 2-15。

表 2-15　不同电源极性与钨极对应的最大焊接电流

最大电流 /A 直径 /mm 接法	1.6	2.4	3.2	4.0	5.0	6.4
直流正接	70~150	150~250	250~400	400~500	500~750	750~1000
直流反接	10~20	15~30	25~40	40~55	55~80	80~125
交流接法	60~120	100~180	160~250	200~320	290~390	340~525

（三）钨极伸出长度和对焊缝的距离

钨针伸出焊嘴的距离为 2~3cm，伸出越长，则从焊嘴喷的氩气流量要相应调大；焊接时钨极离焊缝的距离 3~4mm 为宜，若距离过长，会导致钨针放电少焊接不合格。氩气流量是否适用于焊接任务，可从表 2-16 中直观判断。

表 2-16　焊缝表面色泽与焊接质量关系

效果	不锈钢	铝及其合金
最好	银白色、金黄色	银白有光泽
较好	蓝色	白色无光泽
差	红灰色	灰白无光泽
最差	黑灰色	灰黑无光泽

三、氩弧焊焊接原理

氩弧焊能把金属融化是依靠钨针尖端在脉冲大电流下放电产生高温，如图 2-67 所示。钨针购买时两头都是平的，需要把一端打磨成合适的尖细形状，太尖则放电小，太粗则起弧效果差。打磨好的钨针放入机器人焊枪内，通过调节套筒可以调整钨针伸出焊枪的长度，如图 2-68 所示。

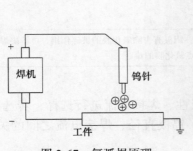

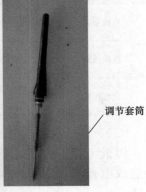

调节套筒

图 2-67　氩弧焊原理　　　　　　　图 2-68　放入焊枪的钨针

四、林肯 V270-T 型焊机的参数设置

使用钨针的氩弧焊属于 TIG 焊接，接线方式多半采用直流反接：焊枪电缆连接到焊机输出的负极，工件夹电缆连接到焊机输出的正极。图 2-69 就是这样的接法，正负极的插头对准插座键槽插入后顺时针旋转 1/4 圈可以旋紧。

在图 2-69 中冷却循环水箱是对焊枪部件实施焊接中产生的热量进行吸收冷却，进水管、出水管、氩气管、输出管沿着焊枪电缆到达焊枪部件中。冷却水箱灌入纯净水，从前方水位刻度观察到水位在 2/3 左右即可，水位过低，则需要加水。

开机时应先开冷却水箱的电源，再开焊机的电源，焊接过程人体不要接触工件和工作台，焊机必须可靠接地；在近距离调试过程，工作人员需要戴上防护面罩和穿工作服，以免强光或强热辐射灼伤。

焊机有手工焊接、开关信号控制焊接、远程通信焊接等多种控制方式，机器人调用焊机实现焊接前需要把焊机的参数先设置好。

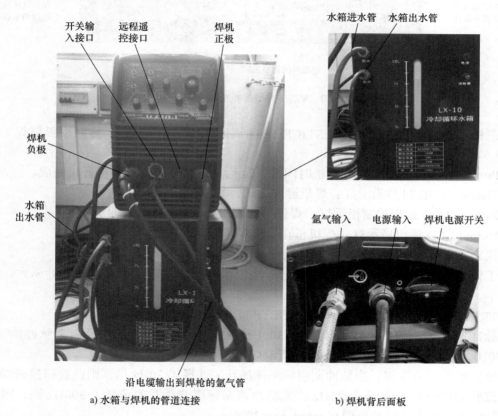

a) 水箱与焊机的管道连接　　　　　　　　　　　b) 焊机背后面板

图 2-69　林肯 V270-T 型焊机

本任务中采用林肯 V270-T 型焊机与 FANUC 机器人进行氩弧焊工作站集成。图 2-69 所示是 V270-T 型焊机的前面、后面及冷却水箱。开机时先开冷却水箱的电源再开焊机电源，同时打开氩气瓶阀门，让氩气进入焊机，焊接过程如果没有氩气保护，不单工件焊缝氧化，钨针也会高度氧化变黑导致钨针烧坏。

图 2-70 所示是焊机参数调节的面板，各开关和旋钮的功能如图 2-70 所示。

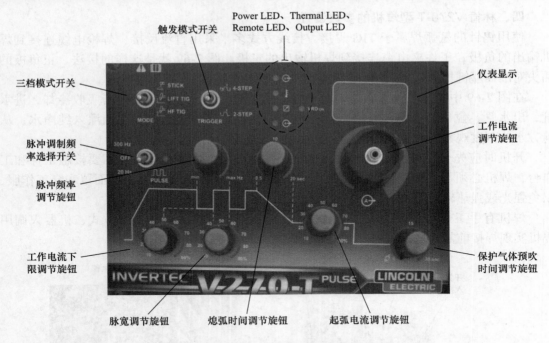

图 2-70　V270-T 型焊机面板各部分功能

三档模式开关：手工电焊（STICK）、高周波氩焊（HF-TIG）、接触引弧氩焊（Lift-TIG）。本任务采用 HF-TIG 模式。

Power LED 电源指示灯：开机时闪烁，2s 后此灯长亮，指示焊机开机完成。

Thermal LED 过热指示灯：焊机温度过热，处于输出禁止状态。

Remote LED 远程控制指示灯：焊机与远程设备成功连接时，此灯亮。

Output LED 输出指示灯：焊机正在输出焊接电流时，此灯亮。

仪表显示数码管：显示预设电路值——焊机工作时的输出电流。

工作电流调节旋钮：设置焊机进行焊接工作时的输出电流大小，顺时针调大，逆时针调小。

TRIGGER 触发模式开关：选择 2-SETP 或 4-SETP 的脉冲序列。

脉冲调制频率选择开关：有三档 300Hz、OFF、20Hz，用于选择调整脉冲的范围，在 300Hz 和 20Hz 档时旁边的 PULSE 指示灯会亮。

脉冲频率调节旋钮：当脉冲调制频率选择开关选择了 20Hz 档，则此旋钮控制焊机焊接电流脉冲范围在 min0~max20Hz；当脉冲调制频率选择开关选择了 300Hz 档，则此旋钮控制焊机焊接电流脉冲范围在 min0~max300Hz。

脉宽调节旋钮：在 10%~90% 的比例范围内调节一个脉冲的占空比。

工作电流下限调节旋钮：在 10%~90% 设置焊接过程电流的下限值，若调为 60%，则"工作电流调节旋钮"的电流设置值乘以 60% 即电流下限设置值。通过这个旋钮，可以调节一个周期内的电流有效值大小。

熄弧时间调节旋钮：焊接结束时电流降低，达到灭弧效果的时间，调节范围为0.5~20s，熄弧时间慢了会导致焊接的结束点变黑并熔化厉害。

起弧电流调节旋钮：在 10%~90% 的工作电流范围内确定起弧电流的大小，若调为

60%，则"工作电流调节旋钮"的电流设置值乘以 60% 即起弧电流始点值。

保护气体预吹时间调节旋钮：手工电弧模式 STICK 无效，调节范围为 0.5~20s，可以调节起弧前吹氩气的时间，以便形成焊接气体防护区后才开始焊接防止焊缝氧化。

五、林肯 V270-T 型焊机与机器人的 I/O 接线与编程

本任务采用焊机的开关接口进行机器人与焊机的信号互连，机器人输出口 DO102 有输出时焊机获得工作命令开始起焊，焊接过程的电流变化曲线按焊机面板的设置变化。如图 2-71 所示，林肯 V270-T 型焊机的开关输出接口是 5 口的航空插头座，需要配置标准的航空插头进行对接，不允许直接在 1、2 号插孔之间把信号线插进去，因为线的松动会造成通信不稳定，如果焊接过程焊机接收不到机器人输出口 DO102 的信号，焊机将马上停止。

表 2-17 是针对 2mm 厚的不锈钢板进行焊接时的参数设置，在实际调试中要根据焊接效果多次调整才能保证焊接工艺达到质量要求，不同材质、不同厚度的焊接设置的参数不同。

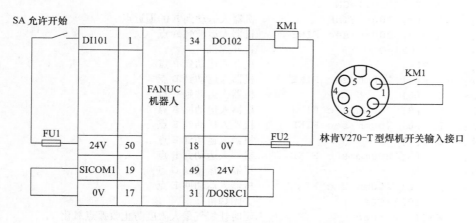

图 2-71　林肯 V270-T 型焊机与机器人的接线

表 2-17　焊接参数本任务参考设置

参数	设置值	参数	设置值
焊接模式	HF-TIG	起弧电流	80%
触发模式	2-SETP	工作电流下限	70A
保护气体预吹时间	2s	占空比	70%
熄弧时间	0.5s	脉冲调制频率选择	20Hz
工作电流	85A	脉冲频率调节值	10Hz

根据表 2-17 的参数和图 2-71 的接线，完成图 2-72 的焊接案例，内胆采用夹具悬空夹紧，编写程序如下：

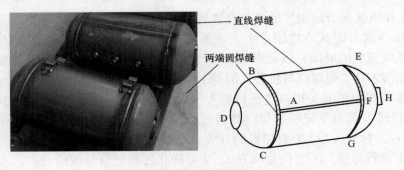

图 2-72　热水器内胆焊接示意图

```
1 :    UTOOL_NUM=1                    采用工具坐标 1
2 :    UFRAME_NUM=1                   采用用户坐标 1
3 :    LBL[1]
4 :    J P[1] 100% FINE              机器人在原始点
5 :    WAIT DI[101]=ON
6 :    J P[2] 100% FINE              机器人运动到 A 的逼近点
7 :    L P[3] 200mm/sec FINE         机器人运动到 A 点
8 :    DO[102]=ON                    打开焊机
9 :    C P[4]                        机器人运动到 B 点
10 :     P[5] 200mm/sec FINE         机器人运动到 D 点
11 :    C P[6]                       机器人运动到 C 点
12 :     P[3] 200mm/sec FINE         机器人运动回 A 点
13 :    L P[6] 200mm/sec FINE        机器人运动到 F 点
14 :    C P[7]                       机器人运动到 E 点
15 :     P[8] 200mm/sec FINE         机器人运动到 H 点
16 :    C P[9]                       机器人运动到 G 点
17 :     P[6] 200mm/sec FINE         机器人运动回 F 点
18 :    DO[102]=OFF                  关闭焊机
19 :    WAIT  0.5sec                 延时让氩气最大限度防止收弧点氧化
20 :    JP[9] 200mm/sec FINE         运动到中间安全点，准备焊接 HD 焊缝
21 :    L P[10] 200mm/sec FINE       机器人运动到 H 的逼近点
22 :    L P[8] 200mm/sec FINE        机器人运动到 H 点
23 :    DO[102]=ON                   打开焊机
24 :    L P[5] 200mm/sec FINE
25 :    DO[102]=OFF                  关闭焊机
26 :    WAIT  0.5sec                 延时让氩气最大限度防止收弧点氧化
27 :    JP[11] 200mm/sec FINE        离开工具
28 :    JMP LBL[1]                   机器人返回原始点
       END
```

任务四　机器人铝焊接线、调试与编程

一、铝焊焊机、送丝机、机器人机柜之间的连接

本任务采用的林肯 Power Wave i400 型焊机，主要用于 MIG 焊、脉冲 MIG 焊、金属芯焊丝气保焊，输入电源 380V/50Hz，可以搭配 AutoDrive 4R100、AutoDrive 4R220 送丝机实现焊接过程的自动送丝。Power Wave i400 型焊机采用 ArcLink 通信协议，FANUC 机器人与开发的专门的通信软件包安装在示教系统内，用户只要把机器人机柜的以太网

口与焊机的 ArcLink 以太网接口按照网线的交叉接法来连接，即可实现通信控制。

Power Wave i400 型焊机的外部结构如图 2-73 所示。其焊接的电路原理与氩弧焊类似，利用高压尖端放电将熔化极金属熔化填充焊缝，焊接过程用到氩气等保护气体减少焊缝在高温下的氧化。焊机、工件、机器人之间的电路原理如图 2-74 所示。

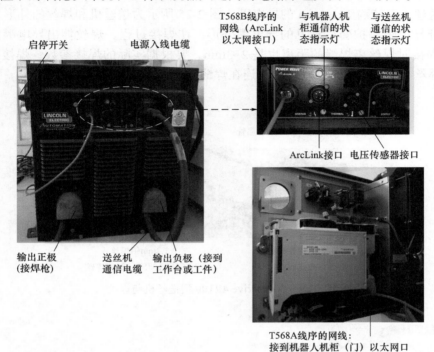

图 2-73　林肯 Power Wave i400 型焊机外部结构以及跟机器人的通信连线

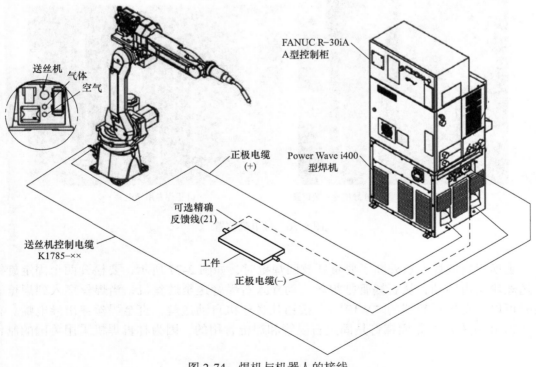

图 2-74　焊机与机器人的接线

本任务采用线径为 1.2mm 铝焊丝，焊丝进入送丝机的管必须采用石墨管减少送丝过程的摩擦，否则送丝过程或焊接过程断丝会导致焊机报警停止。1.2mm 的焊丝往往不能配 1.2mm 口径的导电嘴，购买 1.2mm 的导电嘴虽然能让焊丝穿出，但焊接时的送丝过程阻力大容易导致导电嘴堵塞，因此购买 1.2mm 的导电嘴后需将其口径攻大到 1.4mm 左右才能平滑送丝或直接购买 1.4mm 的导电嘴。图 2-75 所示为送丝机和焊丝的外形；图 2-76 所示是拧开导电嘴保护套后看见的导电嘴外形，在焊接过程，焊丝伸出导电嘴的长度为 2~3mm。焊接时焊丝离焊缝的距离也是 2~3mm，要根据实际的焊接参数、焊接速度来调整，如果焊丝离焊缝太近会导致焊丝粘连在焊缝上。

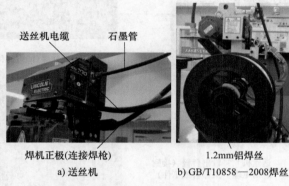

a) 送丝机   b) GB/T10858—2008焊丝

图 2-75   AutoDrive 4R100 型送丝机与焊丝

  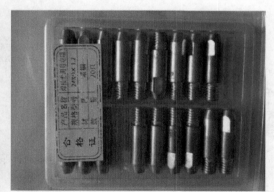

a) 焊枪   b) 导电嘴安装位置   c) 铝焊专用导电嘴

图 2-76   导电嘴位置

更换焊丝或焊丝意外断了要重新放回焊枪时，如图 2-77 所示，要松开两个固定旋钮让送丝轮自由活动，从石墨管把焊丝手动穿入石墨管送至送丝机，当焊丝穿入到焊枪管内时可以手动按示教器的 "WIRE+" 按钮让送丝机自动送丝，直至焊丝穿出导电嘴。在图 2-77 中左右两个紧固螺钉是固定石墨管和焊枪管用的，因为林肯焊机采用美国的制作标准，这两个紧固螺钉在断丝时要拆开观察焊丝的位置，如果丢失在国内是没有螺钉能刚好配上的（使用国标的 ϕ6mm 螺钉则松或 ϕ8mm 螺钉则旋不入），此时需要采用钳工技术把螺钉孔攻成能拧 ϕ8mm 螺钉的大小。

图 2-77　打开盖子的送丝机

在图 2-73 中的网线实现 ArcLink 通信是采用带屏蔽层的 8 芯网线进行连接的，网线在水晶头的线序有 T568A、T568B 两种，如果网线两端的水晶头线序排列一样，则为平行线方式（一般采用 T568B）；如果网线两端的水晶头线序一段采用 T568A，另一端采用 T568B，则为交叉线方式，林肯焊机与机器人的 ArcLink 通信采用的是交叉线方式。T568A、T568B 线序如图 2-78 所示，两种线序的区别在于绿、橙色的线互换了位置。

T568A 线序：白绿、**绿**、白橙、蓝、白蓝、**橙**、白棕、棕。

T568B 线序：白橙、**橙**、白绿、蓝、白蓝、**绿**、白棕、棕。

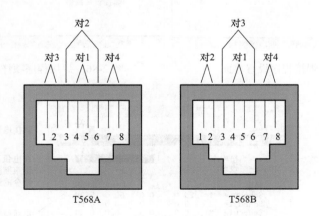

图 2-78　T568A、T568B 线序

图 2-73 中与机器人机柜通信的状态指示灯的工作方式会指示焊机与机器人主板之间通信问题，具体见表 2-18。焊机通电后可以进入焊接前状态指示灯会闪绿色或红色、绿色交替亮灯，这是正常的状态，状态指示灯是双色 LED。

表 2-18 状态指示灯信息

灯状态	含 义
绿灯长亮	系统正常，通信正常
绿灯闪烁	系统正在启动或重置
绿灯和红灯交替闪烁	不可恢复的系统故障
红灯亮起	不适用
红灯闪烁	不适用

二、焊接参数的设置

焊接机器人系统中包含专用的焊接程序，在使用通信方式控制焊机实现焊接时需要设置焊接参数才能使用焊接指令编程。焊接参数的设置方法如下：按示教器上的"Data"键进入图 2-79 所示的焊接程序设置界面，点开"焊接程序"前的＋号，展开如图 2-80 所示的详细信息，各个参数的具体作用见表 2-19；点开"设定"前的＋号，展开如图 2-81 所示的详细信息。

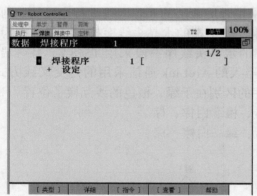

图 2-79 焊接程序设置界面　　　　图 2-80 焊接程序项详细参数

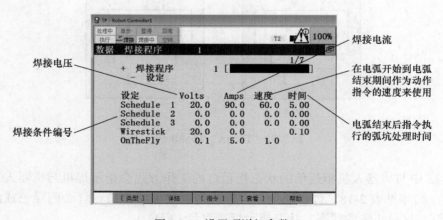

图 2-81 设置项详细参数

表 2-19 焊接程序参数说明

焊接参数	说明
焊接设备	焊接设备的编号
焊机制造商	焊接装置的制造商名称
机种	焊接装置的种类
文件名称	保存有焊接数据的文件名
设定	每个焊接数据中能定义的焊接条件数，可以变更
启动处理	在焊接开始时使焊接启动能顺畅进行，一般设定的指令值高于焊接条件
后处理	送丝结束后，通过施加电压放置焊丝和熔敷工件
熔敷解除	用于弧焊结束时焊丝粘连在工件上的情况，短时内施加电压熔断熔敷位置
焊接设定倾斜功能	启动该功能后，运行用户在指定区间内逐渐增减弧焊指令值（电压、电流等），使焊接参数平稳变化
气体清洗	到达焊接位置之前，预先喷出气体形成氧化保护区
预送气	从到达焊接位置时刻起，到电弧信号产生时刻止，喷出气体所需的时间
滞后送气	电弧信号结束后喷出气体所需时间，让收弧点冷却防止氧化
收弧时间	一般与弧坑处理时间值相同，可在机器人动作中执行弧坑处理

　　自主创建新的焊接程序方法如图 2-82 所示：在图 2-82a 所示的指令菜单中选择"2 创建程序"可以进入图 2-82b→输入程序编号后按示教器"回车"键进入图 2-82c 所示的焊接参数确定界面→选择"是"进入图 2-82d 可以修改具体的工业参数→选择"完成"，可在图 2-81 中设置详细参数。

　　示教器同时显示或隐藏多个焊接程序的方法如图 2-82e、f 所示，在查看菜单中选择"单个 / 多个"功能。创建程序的过程可以选择是否出现图 2-82c、d 所示的界面，可以在查看菜单中选择"向导 ON/OFF"，向导选择与否的效果如图 2-82g、h 所示。

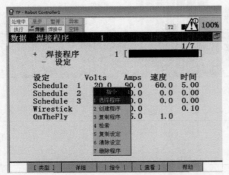

a) 指令菜单

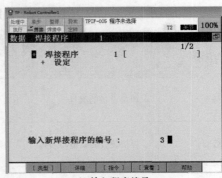

b) 输入程序编号

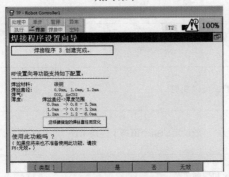

c) 焊接工艺选择

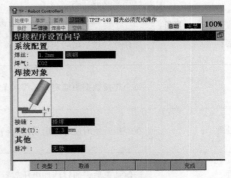

d) 修改焊接配置

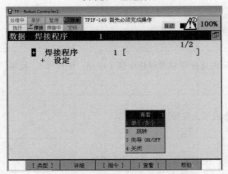

e) 仅查看单个焊接程序

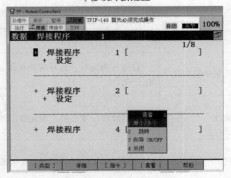

f) 查看多个焊接程序

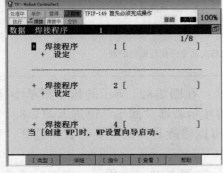

g) 向导ON

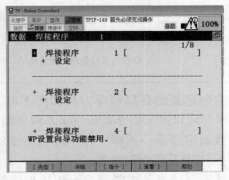

h) 向导OFF

图 2-82 焊接程序创建

三、弧焊焊接指令

弧焊焊接指令主要有焊接开始指令 WELD_ST、焊接行进指令 WELD_PT、焊接结束指令 WELDEND 三条。焊接开始指令的格式为 Weld Start [D，i]，其表达的关系如图 2-83 所示。一个焊接程序可以设定多个焊接条件，不同的轨迹调用不同的焊接条件。焊接范围在成对出现的 Weld Start 指令到 Weld End 指令之间，如图 2-84 所示。

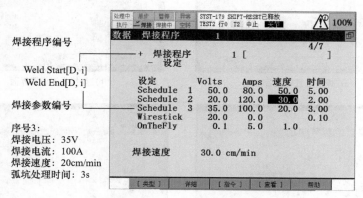

图 2-83　焊接开始指令要素

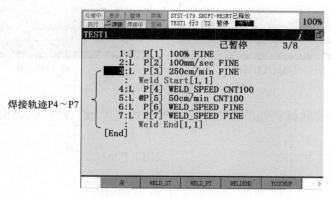

图 2-84　焊接范围

四、机器人与 Power Wave i400 型焊机实现铝焊焊接

示教器上的 "WELD ENBL" 键用于设置允许 / 禁止焊接，在示教器中还可以设置所通信的焊机的参数，以焊接图 2-85 所示的工件为例，新建焊接程序 3，设置其模式、焊丝（铝合金）、气体（氩气 Ar）、焊接参数如图 2-86 所示。

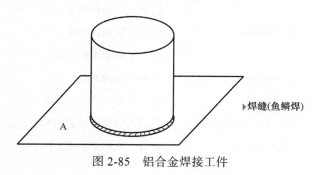

图 2-85　铝合金焊接工件

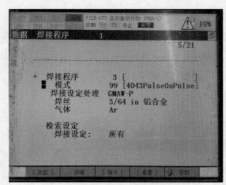

a) 焊接工艺设置后界面

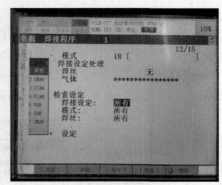

b) 焊接类型设置界面

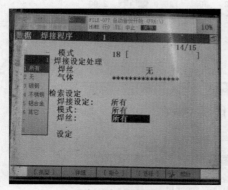

c) 焊丝类型设置界面

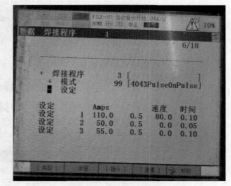

d) 焊接参数

图 2-86 焊接程序及参数设置

根据工件的厚度和材料调节图 2-86d 设置的焊接参数，使焊缝焊出光滑的鱼鳞条纹。具体的程序如下：

1 :	UTOOL_NUM=1	采用工具坐标 1
2 :	UFRAME_NUM=1	采用用户坐标 1
3 :	J P[1] 100% FINE	机器人在原始点
4 :	WAIT DI[101]=ON	等待外部启动命令
5 :	L P[2] 200mm/sec FINE	机器人焊枪运动到焊接逼近点
6 :	L P[3] 80cm/min FINE	机器人运动到起焊点 A
7 :	**Weld Start [1，1]**	起焊
:	C P[4]	机器人运动到圆弧点 B
8 :	P[5] 200mm/sec FINE	机器人运动到圆弧点 C
9 :	C P[6]	机器人运动到圆弧点 D
:	P[3] 200mm/sec FINE	机器人运动回起焊点 A
:	**Weld End [1，1]**	结束焊接
10 :	L P[2] 200mm/sec FINE	机器人焊枪运动退出到逼近点
11 :	J P[1] 100% FINE	机器人返回原始点
	END	

机器人系统集成中需要与外部的设备进行联合控制，信号的传输是必要的，机器人与 PLC 一样提供了与外界交换信息的输入 / 输出（I/O）接口，这些接口有数字量、模拟量、总线通信的类型。机器人运行过程会因为操作失误和维护不及时出现故障而报警停止，对出现的故障必须按照指定流程和步骤进行修复。本部分介绍 FANUC 机器人信号类型及其使用，对常见的电气类故障和日常维护事项提供了参考方法。

项目一　对机器人信号进行分类和选择程序启动方式

FANUC 机器人的信号有固定端子的物理信号，也有可以自由分配端子的信号，也就是同一个物理端子可以分配给不同功能的信号使用，也可以把同一个物理端子分配给多个信号实现单输入多响应或单输出多控制。这种柔性分配实现了信号复用，是 FANUC 机器人的优势，不少国产机器人和外国机器人的信号端子是固定的，不能分配。

任务一　认识机器人的信号类型

机器人 I/O 信号分为通用 I/O 信号与专用 I/O 信号两大类，细分见表 3-1，可以重定义的信号类型通过示教器设置对应具体的物理端子号，没有用到时可以不配置；操作面板 I/O 和机器人 I/O 的物理编号已固定为逻辑编号，不能进行重定义。

表 3-1　机器人 I/O 信号类型

分类	细分	是否可以重定义	分类	细分	是否可以重定义
通用 I/O 信号	数字 I/O（DI/DO）	是	专用 I/O 信号	外围设备 I/O（UI/UO）	是
	组 I/O（GI/GO）	是		操作面板 I/O（SI/SO）	否
	模拟 I/O（AI/AO）	是		机器人 I/O（RI/RO）	否

一、数字 I/O 信号

数字 I/O 信号是从外围设备通过处理 I/O 印制电路板或 I/O 单元的 I/O 信号线进行数据交换，数字输入为 DI[i]、数字输出为 DO[i]，其状态有 ON、OFF 两种。以 R-30iB Mate 型机器人控制柜为例，其集成的两条电缆线 CRMA15、CRMA16 向外提供了 28 点输入和 24 点输出，如图 3-1 所示。

二、外围设备 I/O 信号

外围设备 I/O 在机器人的系统中已经确定了每一个信号的功能，见表 3-2，分为外围设备输入信号 UI[i] 和外围设备输出信号 UO[i]。这些信号要通过外部信号输入或程序执行过程状态来决定其功能是否生效，与数字 I/O 信号一样要通过配置到具体的信号板才能使用；这些信号从处理 I/O 印制电路板或 I/O 单元的 I/O 信号线进行数据交换。以 R-30iB Mate 型机器人控制柜为例，如图 3-1 所示。

1 in21	2 in22	3 in23	4 in24	5 in25	6 in26	7 in27	8 in28	17	18	19	49	50
XDOLD	RESET	START	ENBL	PMS1	PMS2	PMS3	PMS4	0V	0V	SCICOM3	24V	24V
DI103	DI104	DI105	DI106	DI107	DI108	DI109	DI110					

CRMA16

33	34	35	36	41 out9	42 out10	43 out11	44 out12	45 out13	46 out14	47 out15	48 out16	26 out16	27 out17	28 out18	19 out19	21 out20	31	32	29	30
CMDENB	FAULT	BATALM	BUSY	DO119	DO110	DO111	DO112	DO113	DO114	DO115	DO116	DO117	DO118	DO119	DO120	DO120	DOSRC2	DOSRC2	0V	0V
	BATALM		BUSY	UO[9] BATALM	UO[10] BUSY	UO[11~18]ACK1~ACK8/SNO1~SNO8									UO[19] SNACK	UO[20] RESERVED				

a) CRMA16端子信号

图 3-1 外围设备 I/O 信号

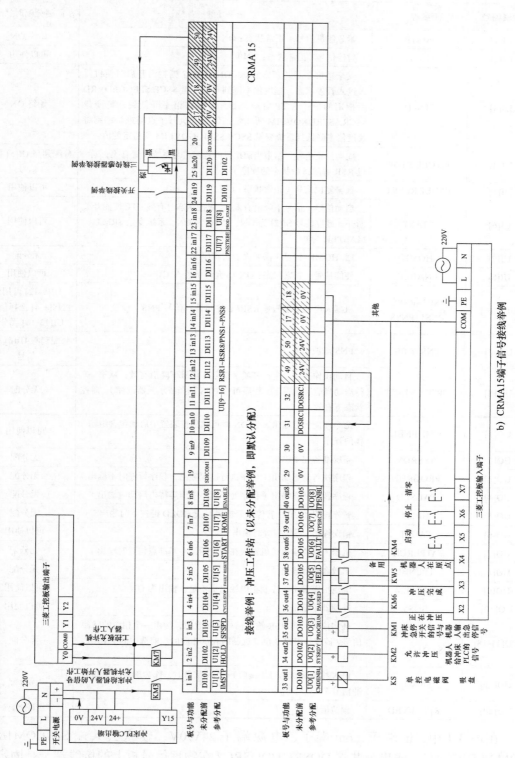

b) CRMA15端子信号接线举例

图 3-1 外围设备 I/O 信号（续）

143

表 3-2　UI、UO 端子信号功能

逻辑编号	名称	信号功能	简略分配时状态
UI[1]	IMSTP	紧急停机信号（正常状态：ON）	始终 ON
UI[2]	HOLD	暂停信号（正常状态：ON）	可以使用
UI[3]	SFSPD	安全速度信号（正常状态：ON），安全栅栏门开启时使机器人进入暂停状态，速度倍率降到系统变量 $SCR.$FENCEOVRD 所指定的值；若 TP 启动了程序，则将倍率降低到系统变量 $SCR.$SFRUNOVLIM 所指定的值；若执行了点动进给，则将速度倍率降低到系统变量 $SCR.$SFJOGOVLIM 所指定的值	始终 ON
UI[4]	CYCLE STOP	周期停止信号，结束当前执行的程序（与系统设置有关，通过 RSR 解除待命状态的程序）	分配到与 UI[5] 相同信号
UI[5]	FAULT RESET	报警复位信号（正常状态：ON）	可以使用
UI[6]	START	启动信号（信号下降沿有效），遥控状态时有效：TP 使能开关断开、遥控信号 SI[2] 为 ON、UI[3] 为 ON、系统变量 $RMT_MASTER 为 0	可以使用
UI[7]	HOME	回 HOME 信号（需要设置宏程序）	无分配
UI[8]	ENABLE	使能信号（正常状态：ON），允许机器人工作	可以使用
UI[9-16]	RSR1~RSR8/PNS1~PNS8	机器人启动请求信号 RSR/ 程序号选择信号 PNS	UI[9-12] 可用作 PNS[1-4] 选择信号；UI[13-16] 无分配
UI[17]	PNSTRBE	PNS 滤波信号	分配到与 UI[6] 相同信号
UI[18]	PROD_START	自动操作开始（生产开始）信号（信号下降沿有效，从第一行启动当前所选程序，程序可由 PNS 选择或示教器选择），遥控状态下有效	无分配
UO[1]	CMDENBL	命令使能信号输出，为 ON 时可从程控装置中启动包含组动作的程序	可以使用
UO[2]	SYSRDY	系统准备完毕输出	无分配
UO[3]	PROGRUN	程序执行状态输出（程序执行过程输出，程序暂停时不输出）	无分配
UO[4]	PAUSED	程序暂停状态输出（程序处于暂停中而等待再启动时输出）	无分配
UO[5]	HELD	暂停输出（UI[2] 暂停信号输入时或 HOLD 键按下时输出）	无分配
UO[6]	FAULT	错误输出（系统报警时输出）	可以使用
UO[7]	ATPERCH	机器人就位输出（机器人在设定的第 1 基准点位置时输出）	无分配
UO[8]	TPENBL	示教盒使能输出	无分配
UO[9]	BATALM	电池报警输出（控制柜电池电量不足，输出为 ON）	可以使用
UO[10]	BUSY	处理器忙输出	可以使用
UO[11-18]	ACK1~ACK8/SNO1~SNO8	证实信号，当 RSR 输入信号被接收时，输出一个相应的脉冲信号 / 该信号组以 8 位二进制码表示相应的当前选中的 PNS 程序号	无分配
UO[19]	SNACK	PSN 接收确认信号（接收到 PSN 信号时，作为确认输出的脉冲信号）	无分配
UO[20]	RESERVED	预留信号	无分配

在图 3-1 中，in 端子、out 端子、电源端子 24V/0V、输入公共端 SDICOM1/SDICOM2/SDICOM3、输出公共端 DOSRC1/DOSRC2 在物理信号板上的接线端子是固定的，但 in 端子具体分配给哪个 UI 或 DI，out 端子分配给哪个 UO 或 DO 是根据分配来确定的。

在图 3-1 中标出的 DI、UI 对应的 in 端子号以及 UO、DO 对应的 out 端子号是出厂配置的一种参考，用户可以根据自己的需要来配置。表 3-2 中的简略分配是指系统自带的一种信号配置默认情况，可以在示教器中使用以下方式调用：MENU 菜单 - 系统 - 配置 -45 UOP 自动分配（禁用）：修改简略（从机），如图 3-2 所示。修改后查看分配的结果方法如下：MENU 菜单 -I/O-UOP 中查看，如图 3-3 所示，"类型" 按钮可以进入选择分配 DI、DO、UI、UO 的类型，"分配" 按钮是对当前选定的信号类型进行分配，"IN/OUT" 按钮是对当前选定的信号类型在输入和输出间切换。

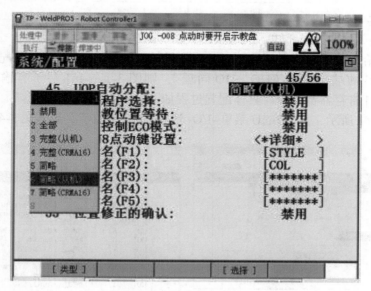

图 3-2   简略分配方法

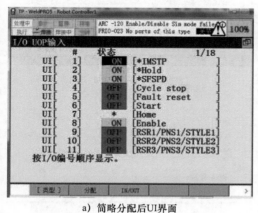

a）简略分配后UI界面　　　　　　　　　b）简略分配后UO界面

图 3-3   简略分配后的信号状态

当要对信号进行自主配置时，图 3-2 的 "45 UOP 自动分配" 要在 "禁用" 状态。下面以一个设置任务案例介绍信号配置的过程。

任务描述：对 FANUC 机器人 R-30iB Mate 柜的 CRMA15、CRMA16 信号板的端子对应的 UI、UO、DO、DO 进行配置。由于 Mate 柜只有 28 点输入 24 点输出，配置了表

3-2 的 UI[1-18] 信号外，可以分配给 DI 输入信号的输入点还有 10 点；同理，配置了表 3-2 的 UO[1-20] 信号外，还剩 4 个输出点可以分配给 DO 信号。按表 3-3 的要求进行配置。

表 3-3　数字 I/O 和外围设备 I/O 配置案例

范围	机架	插槽	开始范围
UI[1-18]	48	1	1
DI[101-110]	48	1	19
UO[1-20]	48	1	1
DO[101-104]	48	1	21

任务分析：由表 3-3 可知，CRMA15、CRMA16 信号板共有的 28 个输入和 24 个输出优先分配给 UI、UO 信号后，DI、DO 信号接着已占用的范围开始配置。若配置时 UI[1] 和 DI[101] 的端子重叠（UO、DO 同理），则图 3-1 的 in1 端子有输入，令系统的 UI[1] 和 DI[101] 寄存器都响应。具体配置过程如下：

1）如图 3-4a 所示，在 MENU 菜单 -I/O- 选择 UOP 或数字，进入图 3-4b 所示的界面。

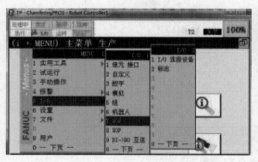

a) 配置进入路径

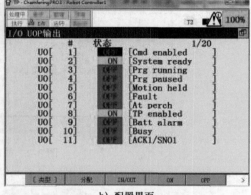

b) 配置界面

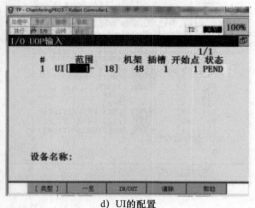

c) UO 的配置

d) UI 的配置

图 3-4　UI/UO 的配置

2）在图 3-4b 中按"分配"按钮，进入图 3-4c，完成 UO 的配置。

3）在图 3-4b 中按"IN/OUT"按钮，进入图 3-4d，完成 UI 的配置。

4）在图 3-4b 中按"类型"按钮，进入图 3-5a，选择"数字"菜单，进入图 3-5b。

也可以通过以下路径进入图 3-5b：MENU 菜单 -I/O- 数字。

5）在图 3-5b 分别选择"分配"按钮和"IN/OUT"按钮完成 DI、DO 的分配，如图 3-5c、d 所示。

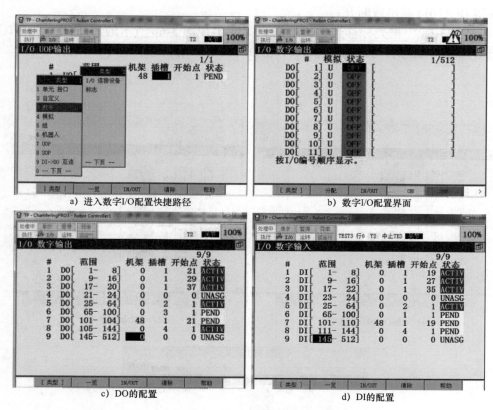

a）进入数字I/O配置快捷路径　　　　b）数字I/O配置界面

c）DO的配置　　　　　　　　　d）DI的配置

图 3-5　DI/DO 的配置

要使配置生效，必须重新接通机器人机柜电源一次，在图 3-4 和图 3-5 所示的配置界面中，机架、插槽、开始点、状态的详细解释见表 3-4。

表 3-4　配置项目解释

项目名称	设置要素
RANGE 范围	信号设置的范围，可以单独设置一个，如 UI[1-1]
RACK 机架	I/O 设备的种类： 0 表示处理 I/O 印制电路板 1~16 表示 I/O 单元 MODEL A/B 48：CRMA15/CRMA16 固定接到 48 号机架，由 Mate 机器人机柜集成
SLOT 插槽	构成机架 I/O 模块部件的编号 使用处理 I/O 印制电路板时，按主板连接顺序定义插槽号 使用 I/O MODEL A/B 时，插槽号由每个单元所连接的模块顺序确定 使用 CRMA15/CRMA16 时，插槽号固定为 1
START 开始点	端口范围中的第一个信号位，后面的信号接着开始点连续延伸
STAT 状态	ACTIVE：当前正确使用该分配 PEND：已正确分配，重启机柜电源后生效 INVAL：设定有误 UNASG：尚未分配

当机器人编程过程想模拟信号的输入或输出以观察程序执行逻辑是否正确时，可以按图 3-6 所示的方法仿真或强制信号 I/O（以仿真 DO 信号输出为例）：

1）选择 MENU 菜单 -I/O- 数字，进入图 3-6a 所示界面，按"ON"或"OFF"按钮可以强制 DO[101] 输出或断开；

2）在图 3-6a 中把光标移到模拟下的"U"，出现图 3-6b 所示的界面，按"模拟"按钮，把 U 改成 S 状态，可以仿真 DO101 在 ON/OFF 下的状态。

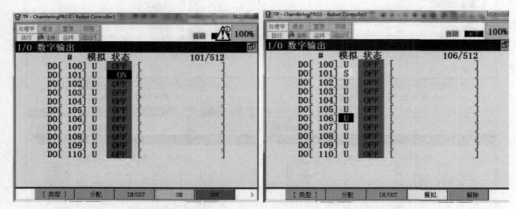

a) 强制DO101 ON/OFF   b) 解除模拟状态

c) 进入仿真状态

图 3-6　强制 / 仿真信号

按照图 3-5 的配置，图 3-1 的 in 端子和 out 端子对应 UI、UO、DI、DO 的编号见表 3-5。

图 3-1 给出了一个实际案例的接线，FANUC 机器人 I/O 信号的连接与西门子 PLC 的接线类似（PNP 型），与三菱 PLC 的接线不同（NPN 型）。CRMA15、CRMA16 的接线方式如图 3-7 所示，图 3-1 使用的光电传感器是 PNP 型（NPN 型不适合），其电流路径的理解如图 3-8a、b 所示，负载电流路径的理解如图 3-8c 所示。

表 3-5　图 3-4、图 3-5 配置后 CRMA15/CRMA16 端子功能

输入端子	分配后对应功能	输出端子	分配后对应功能
in1	UI[1]	out1	UO[1]
in2	UI[2]	out2	UO[2]
in3	UI[3]	out3	UO[3]
in4	UI[4]	out4	UO[4]
in5	UI[5]	out5	UO[5]
in6	UI[6]	out6	UO[6]
in7	UI[7]	out7	UO[7]
in8	UI[8]	out8	UO[8]
in9	UI[9]	out9	UO[9]
in10	UI[10]	out10	UO[10]
in11	UI[11]	out11	UO[11]
in12	UI[12]	out12	UO[12]
in13	UI[13]	out13	UO[13]
in14	UI[14]	out14	UO[14]
in15	UI[15]	out15	UO[15]
in16	UI[16]	out16	UO[16]
in17	UI[17]	out17	UO[17]
in18	UI[18]	out18	UO[18]
in19	DI[101]	out19	UO[19]
in20	DI[102]	out20	UO[20]
in21	DI[103]	out21	DO[101]
in22	DI[104]	out22	DO[102]
in23	DI[105]	out23	DO[103]
in24	DI[106]	out24	DO[104]
in25	DI[107]		
in26	DI[108]		
in27	DI[109]		
in28	DI[110]		

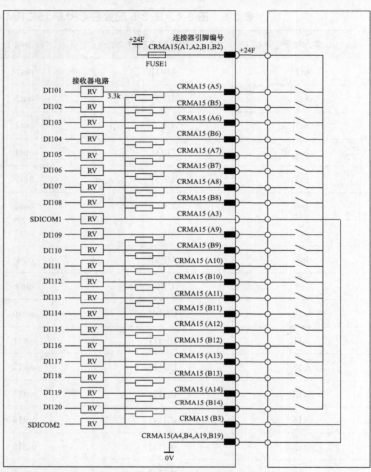

a) SDICOM1/SDICOM2管核信号范围

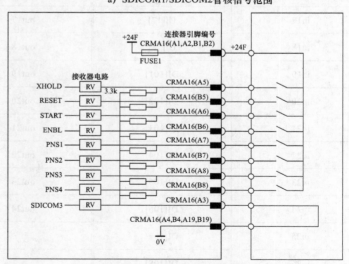

b) SDICOM3管核信号范围

图 3-7 CRMA15、

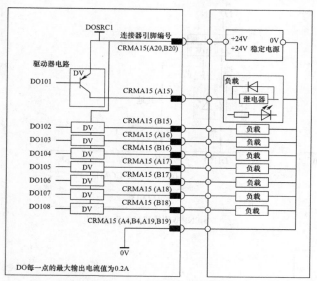

c) DOSRC1管核信号范围

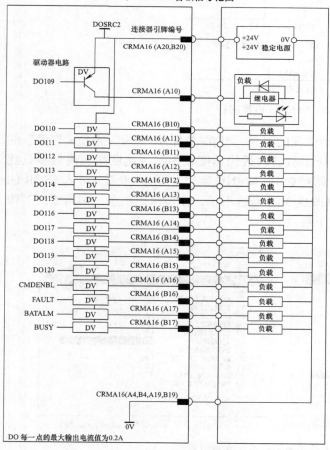

d) DOSRC2管核信号范围

CRMA16 接线方式

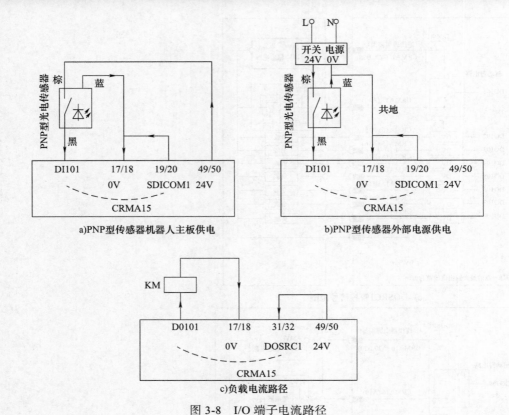

a)PNP型传感器机器人主板供电　　　　b)PNP型传感器外部电源供电

c)负载电流路径

图 3-8　I/O 端子电流路径

机器人的系统变量存放了各类运动情况的限制，可在"MENU 菜单 - 系统 - 变量"的路径下进行设置。例如要设置手动操作示教器时最快速度在 30%（速度增加键最多只能增到 30%），设置界面如图 3-9 所示。路径如下：MENU 菜单 - 系统 - 变量 - 进入 $SCR 的子菜单 - 找到 28 $JOGOVLIM- 将 100 改成 30（若改不了，在写保护状态，则需要同时按"prev 键 +next 键"进入控制启动模式下修改）。

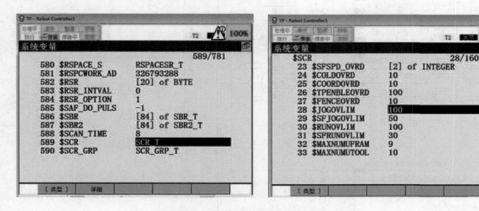

图 3-9　手动示教限速系统变量设置

三、组 I/O 信号和模拟量 I/O 信号

组 I/O 信号 GI/GO 汇总多条信号线并进行数据交互，可以将 2~16 个信号作为一组来

进行定义，组信号的值用十进制或十六进制数来表示，转变或逆转变为二进制数后通过信号线交换数据。模拟 I/O 信号 AI/AO 使用专用的信号板读写模拟 I/O 电压值并转化为数字值。组 I/O 和模拟 I/O 的配置方法与通用 I/O 信号的配置类似。

四、机器人 I/O 信号

机器人 I/O 信号作为末端执行器的输入信号 RI 和输出信号 RO 来使用，不能自主分配，其物理接线已经固定。图 3-10 所示是 R-0iB Mate 型机器人 EE 接口上的 RI/RO 引脚功能。

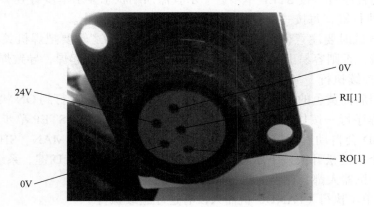

图 3-10　EE 接口功能

五、操作面板 I/O 信号

操作面板 I/O 是显示示教器、机柜的按钮状态和数据状态的专用信号，不能自主分配，分为输入信号 SI 和输出信号 SO，其信息见表 3-6。

表 3-6　SI/SO 信号

信号地址	信号名称	功能说明
SI[0]	空	空
SI[1]	FAULT_RESET	报警解除信号，用于解除报警。伺服电源断开时，通过 RESET 信号接通电源
SI[2]	REMOTE	遥控信号，用来进行系统的遥控方式与本地方式的切换。操作面板上无此按键，需通过系统设定菜单 "Remote/Local setup" 进行设定
SI[3]	HOLD	暂停信号，用来发出程序暂停的指令。操作面板上无此按键
SI[4]	USER#1	用户定义键
SI[5]	USER#2	
SI[6]	START	启动信号，可启动示教盒所选的程序。在操作面板有效时生效
SI[7]	空	空
SO[0]	REMOTE	遥控信号，在遥控条件成立时输出。操作面板不提供该信号
SO[1]	BUSY	处理中信号，在程序执行中或执行文件传输等处理时输出。操作面板不提供该信号
SO[2]	HELD	保持信号，在按下 HOLD 按钮或输入 HOLD（UI[2]）信号时输出。操作面板不提供该信号
SO[3]	FAULT LED	报警信号（FAULT），在系统发生报警时输出
SO[4]	BATTERY ALARM	电池异常信号（BATAL），表示控制装置或机器人的脉冲编码器的电池电压下降报警
SO[5]	USER#1	用户定义
SO[6]	USER#2	
SO[7]	TPENBL	示教盒有效信号，在示教盒有效开关处在 ON 时输出。操作面板不提供该信号

任务二 选择机器人程序的启动方式

一、示教器启动

（一）顺序单步执行（控制柜 T1/T2 模式，T1、T2 的区别在于运行速度不同，T2 速度快，达到全速运行）

按住示教器后面黄色的使能开关 DEADMAN→将示教器 TP 打到 ON 状态→移动光标到开始执行的程序行→按 STEP 单步键（示教器顶端状态显示单步有效）→按住 SHIFT 键 +FWD 顺序执行键，每按一次程序执行一行，执行完则停止。

顺序单步调试时要注意，在焊接调试时单纯调试程序逻辑要把焊机关闭或把启动焊机的程序行屏蔽，否则容易出现停留在某一步程序让焊接不断起焊，导致焊穿工件。

（二）顺序连续执行

按住示教器后面黄色的使能开关 DEADMAN→将示教器 TP 打到 ON 状态→移动光标到开始执行的程序行→按住 SHIFT 键 +FWD 顺序执行键（确认 STEP 单步状态关闭）→程序执行到 END 会自动返回第一行从头执行，运行过程 DEADMAN、SHIFT、FWD 开关中的任何一个按键松开或按下示教器急停、控制柜急停、HOLD 键、系统 IMSTP 紧急停止信号输入，机器人都会在当前执行的程序行上马上暂停。

（三）逆序单步执行（FANUC 机器人没有逆序连续执行）

按住示教器后面黄色的使能开关 DEADMAN→将示教器 TP 打到 ON 状态→移动光标到开始执行的程序行→按住 SHIFT 键 +BWD 顺序执行键→程序执行一行后会自动停止并使程序指针执行前一行。

运行过程 DEADMAN、SHIFT 开关任何一个按键松开或按下示教器急停、控制柜急停、HOLD 键、系统 IMSTP 紧急停止信号输入，机器人都会在当前执行的程序行上马上暂停。

二、机器人自动运行：程序启动方式 RSR/PNS

机器人在自动运行的过程需要通过外部信号的输入来确定启动哪一个程序，可以作为自动运行由外部信号启动的程序名称必须为以 RSR 或 PNS 开头命名的程序文件。RSR 和 PNS 后的程序编号都是 4 位数，RSR 类型的程序调用规则与 PNS 类型的程序调用规则如图 3-11 所示。

RSR 程序是 RSR1~RSR8 对应输入信号 UI[9]~UI[16]，一个 UI 端子有信号启动一个 RSR 程序，启动哪个 RSR 程序由 RSR 登录编号与基本程序编号之和决定。如图 3-11a 所示，系统变量 $SHELL_CFG.$JOB_BASE 的值设为 100，则 RSR 的基本程序编号是 100，RSR1 对应 UI[9] 信号，RSR1 对应的程序编号命名为 RSR0112，则 UI[9] 有信号输入，RSR0112 程序被启动。

PNS 程序是 PNS1~PNS8 共 8 个信号（UI[9]~UI[16]）对应 8 位二进制数转变为登录编号，与 RSR 一样基本程序编号加上登录编号之和即要启动的程序编号。相比 RSR 命名，RSR 只能定义启动 8 个程序，但 8 个 PNS 信号的组合可以启动 255 个程序，程序数量大大增加。如图 3-11b 所示，基本程序编号由 $SHELL_CFG.$JOB_BASE 设为 100，则 PNS1~PNS8 对应的二进制数转化为十进制数是 29，则外部 UI[9]、UI[12]、UI[14] 有信号启动程序 PNS0129。

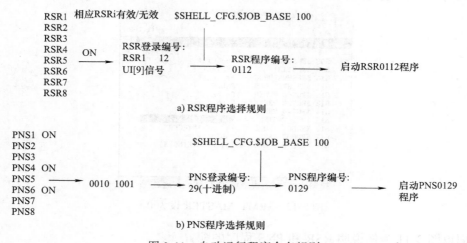

a) RSR程序选择规则

b) PNS程序选择规则

图 3-11 自动运行程序命名规则

（一）自动运行前提设置

1）TP 开关置于 OFF 位置。

2）示教器单步按钮 STEP 令程序状态为非单步执行状态。

3）机柜模式开关 T1/T2/Auto 打到 Auto 档。

4）自动模式设置 REMOTE 外部控制，"ENABLE UI SIGNAL"专用外部信号有效设为 TRUE，设置方法如图 3-12 所示 :MENU 菜单 -NEXT- 系统 System- 配置 config- 将 "远程 Remote/ 本地 Local STEP" 设为远程，"专用外部信号" 设为启用。

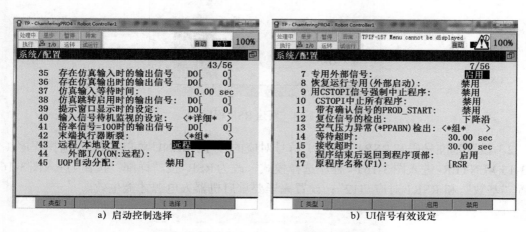

a) 启动控制选择

b) UI信号有效设定

图 3-12 外部启动与 UI 信号有效设置

5）将 UI[1] IMSTP 急停、UI[2] Hold 暂停、UI[3] SFSPD 安全速度、UI[8]ENBL 使能信号配置为 ON 或保证其接入的外部信号为 ON。

6）将系统变量 $RMT_MASTER 设为 0（0 外围设备、1 显示器 / 键盘、2 主控计算机、3 无外围设备 ），如图 3-13 所示 : MENU 菜单 -NEXT- 系统 System- 变量 Variables-$RMT_MASTER- 设为 0。

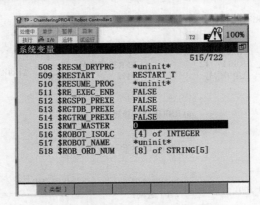

图 3-13　$RMT_MASTER 设为 0

下面以图 3-11 为例说明 RSR 和 PNS 程序的配置。

（二）RSR0112 程序运行设置

1）创建一个名为 RSR0112 的程序，如图 3-14 所示，程序名必须为 7 位，由 RSR+4 位数字组成，程序号 =RSR 程序号码 + 基准号码：Select- 创建 - 输入程序名 RSR0112-Enter。

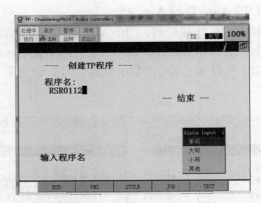

图 3-14　新建 RSR 程序

2）设置基准号码和 RSR1（UI[9]）信号对应的程序：MENU 菜单 - 设置 - 选择程序（见图 3-15）-ENTER- 进入图 3-16a-"程序选择模式"改为 RSR- 按"详细"按钮 - 进入图 3-16b- 设置"基数"和 RSR1 对应"12"；设置完毕要重启机器人电源才能生效。

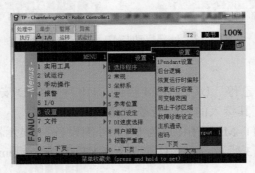

图 3-15　进入选择程序界面

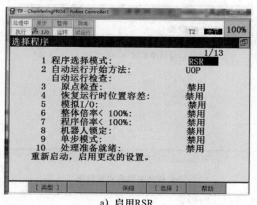
a) 启用RSR

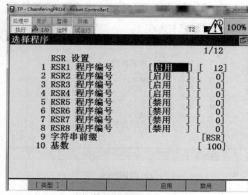
b) 修改基数和对应程序

图 3-16 RSR 基数和对应程序设置

（三）PNS129 程序运行设置

1）创建一个名为 PNS129 的程序，如图 3-17 所示，程序名必须为 7 位，由 PNS+4 位数字组成，程序号 =PNS 程序号码 + 基准号码，最多可以创建 255 个程序：Select- 创建 - 输入程序名 PNS0129-Enter。

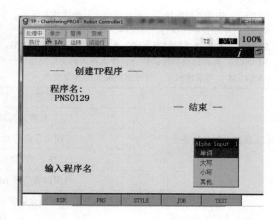

图 3-17 新建 PNS 程序

2）设置基准号码：MENU 菜单 - 设置 - 选择程序 -ENTER- 进入图 3-18a- "程序选择 模式"改为 PNS- 按 "详细"按钮 - 进入图 3-18b- 设置 "基数"为 100；设置完毕要重新 接通机器人电源才能生效。

3）PNS1~8 分别对应信号 UI[9]~UI[16]，当要选择 PNS0129 时，UI[9]、UI[12]、 UI[14] 同时为 ON 即可（对应端子有信号输入）：

29: UI[16]	UI[15]	UI[14]	UI[13]	UI[12]	UI[11]	UI[10]	UI[9]
0	0	1	0	1	0	0	1

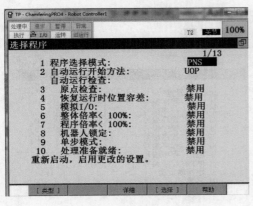
a) 启用 PNS

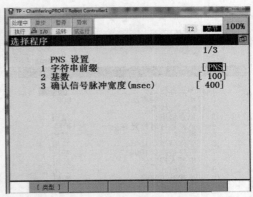
b) 修改基数和对应程序

图 3-18　PNS 选择和基数设置

三、程序的中止与恢复

机器人运行过程会因报警情况的出现而停止，在程序调试时会根据需要而暂停运行或中止程序执行，程序执行过程的停止情况见表 3-7。

表 3-7　程序执行过程停止及其恢复

类型	细分	
发生报警的停止	检测到异常或外部异常信号输入，按 RESET 键可以清除和解除报警 WARN：警告 PAUSE：中断程序的执行，在完成动作后使机器人停止 STOP：中断程序的执行，使机器人的动作在减速后停止 SERVO：中断或强制结束程序的执行，在断开伺服电源后，使机器人的动作瞬时停止 ABORT：强制结束程序的执行，使机器人的动作减速后停止 SYSTEM：与系统相关，将停止机器人的所有操作	
操纵机器人停止	机器人程序的停止	按下 TP 或机柜急停按钮
		松开或握紧使能开关
		外围设备信号 IMSTP-UI[1] 输入
		按下 TP 的 HOLD 暂停键
		外围设备信号 HOLD-UI[2] 输入
	机器人程序的中断	按 FCTN 键，在弹出的菜单中选择 ABORT（ALL）中止程序
		系统信号 CSTOP-UI[4] 输入

（一）报警消除

对按下急停按钮的停止，只需松开急停，确保机器人工作安全后按 RESET 键清除报警即可；对按下 HOLD 键的停止，只需再按一次 HOLD 键，按 RESET 键清除报警；要强制终止当前程序，则按 FCTN 键，在弹出的菜单中选择 ABORT（ALL）中止程序；中断状态的显示包含 RUNNING 执行、ABORTED 结束、PAUSED 暂停。

报警引起的中断（TP 屏幕会显示一条报警码），观察报警码，看执行到哪里导致产生报警：MENU-ALARM（异常履历）-F3（HIST 履历）-F4（CLEAR 清除所有报警记录 SHIFT+F4 CLEAR）或 F5（DETAIL 查看细节）。

注意一定要将故障消除，按下 RESET 键才会真正消除报警。有时 TP 上实时显示的报警代码并不是真正的故障原因，这时要通过查看报警记录才能找到引起问题的报警代码。

（二）恢复程序的执行

松开急停按钮，按 HOLD 按钮让机器人减速至停止 - 找出故障原因，修改程序 - 按 RESET 键消除故障报警代码（此时 FAULT 故障指示灯灭）。

步骤：MENU- 选择 0 NEXT-STATUS 状态 -F1(TYPE 类型)-Exec hist 执行历史记录 - 找出暂停程序执行的行号（见图 3-19b 显示第 3 行暂定）- 进入编辑画面 - 手动执行暂停的程序行或上一行（或通过启动信号继续执行）。

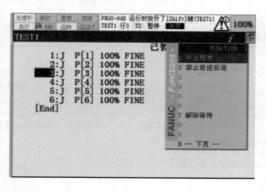
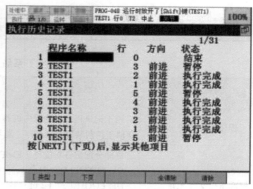

a) 按TP的FCTN键调出"中止程序"功能　　　　　　　　　　b) 第3行暂停

图 3-19　程序的中止和查看停止程序行

在图 3-19b 中，找到停止的是 TEST1 程序第 3 行，那么要从程序行 3 开始向下执行，在图 3-19a 中按 SHIFT+FWD 键让程序继续向下执行。在自动运行中，若程序暂停了，要从暂停行继续向下执行，否则不能再次进入自动运行模式；也可以将光标移到 End，执行一次 End，让当前程序结束再次执行自动运行，但从头开始调试时最好把机器人姿态调整到起始点附近，否则会出现动作过大不能运行的报警。

项目二　机器人常见故障检修

机器人使用过程和调试过程会出现编码器数据丢失、轴数据丢失、碰撞后停止等问题，机器人的维护人员要根据 TP 的报警代码去查找故障位置和修复方法。本项目从常见的故障和维护出发，介绍如何让机器人恢复运行。

任务一　机器人系统备份与恢复

机器人维保人员在机器人投入生产前应对机器人的整体系统设置、数据进行备份，万一机器人系统出现问题可以恢复。机器人备份和恢复的方法有三种，其区别见表 3-8，一般情况下采用 Boot Monitor 模式恢复整个系统和数据，因为系统出现严重问题时才会考虑恢复。备份的文件类型见表 3-9。

表 3-8　备份 / 加载方法

类型	备份时可以做的操作	加载（还原）可以做的操作
一般模式	1. 单独备份一种文件类型或全部备份 2. Image 镜像备份	单个文件的还原（要恢复 10 个文件，则要操作 10 次；只读文件 / 写保护文件不能被加载；处于编辑状态的文件不能被加载；部分系统文件不能加载）
控制启动模式 Controlled Start	1. 单独备份一种文件类型或全部备份 2. Image 镜像备份	1. 单个文件的还原 2. 一种文件类型或全部文件类型一起恢复（处于写保护的文件、编辑状态的文件不能加载）
Boot Monitor 模式	所有文件及应用系统的备份	所有文件及应用系统的恢复

表 3-9　系统中的文件类型

类型	功能
程序文件 *TP	用于记录程序指令并向机器人发出指令，可以控制机器人动作、外围设备、各应用程序，存储于控制装置，在程序一览界面中显示
标准指令文件 *DF	存储分配给各功能键（F1~F5）的标准指令语句设定文件，包含： DF_MOTN0.DF　F1 键； DF_LOGI1.DF　F2 键； DF_LOGI2.DF　F3 键； DF_LOGI3.DF　F4 键
系统文件 / 应用程序文件 *SV	存储运行应用工具软件系统的控制程序或系统使用的数据文件，包含： SYSVARS.SV 存储参考位置、关节可动范围、制动器控制等系统变量的设定 SYSFRAME.SV 存储坐标系的设定 SYSSERVO.SV 存储伺服参数的设定 SYSMAST.SV 存储零点标定的数据 SYSMACRO.SV 存储宏指令的设定 FRAMEVAR.VR 存储为进行坐标系设定而使用的参考点、注解等
数据文件 *VR、*IO、*DT	数据文件 *VR： NUMREG.VR 存储数值寄存器的数据 POSREG.VR 存储位置寄存器的数据 STRREG.VR 存储字符串寄存器的数据 PALREG.VR 存储码垛寄存器的数据 I/O 分配数据文件 *IO：DIOCFGSV.IO 存储 I/O 分配的设定 机器人设定数据文件 *DT：存储机器人设定界面上的设定内容
ASCII 文件 *LS	采用 ASCII 格式保存的文件，不能被机器人系统加载，但可以在计算机中显示和打印

可以存储备份文件的设备有 Memory Card 存储卡、U 盘（最好不要超过 1GB，不使用有读卡器的 SD 卡）、计算机，存储卡为 Flash ATA 存储卡或 SRAM 存储卡，U 盘插在控制柜的 USB 口上时为 UD1 设备，U 盘插在示教器的 USB 口上时为 UT1 设备。镜像文件可以在三种模式下备份，但只能在 Boot Monitor 模式下加载。下面以在示教器上插上 U 盘为例介绍不同模式备份 / 加载的方法。

一、在一般模式下进行文件备份 / 加载

在 TP 上插上 U 盘 - 按示教器 MUNE 键 - 文件 - 在子菜单 "文件 文件存储器 自动备份" 中选择 "文件" - 进入图 3-20a 所示界面。

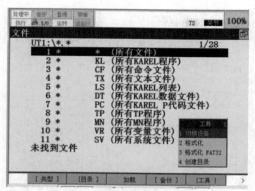

a）进入一般模式

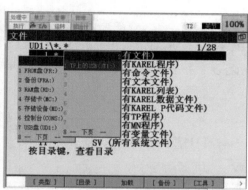

b）选择TP上的存储设备

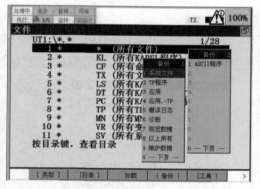

c）备份

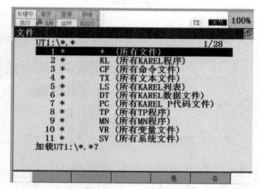

d）加载

图 3-20　一般模式下的操作

在图 3-20a 中选择工具按钮，可以选择"切换设备"，如图 3-20b 所示，选择存储设备的类型和位置。若选择"格式化"，则格式化当前 U 盘，若指定用 FAT32 格式进行格式化，可以选择"格式化 FAT32"；若选择"创建目录"，则在进入的当前存储器根目录下创新文件夹。进行备份 / 加载不一定要格式化后才能进行。

如图 3-20c 所示，在进入 UT1 目录后，选择"备份"按钮可以指定一种文件进行备份，若要恢复，则选择"加载"按钮，如图 3-20d 所示，选定要加载的文件类型，单击"是"按钮即可。

二、在控制启动模式下进行文件备份 / 加载

机器人处在关机状态 - 同时按下示教器的 PREV、NEXT 键不松手 - 打开机器人控制柜电源 - 直到出现图 3-21a 所示的界面才可以松手。

在图 3-21a 中引导结束后出现图 3-21b 所示的界面 - 选择"3.Controlled start" - ENTER- 进入图 3-21c 所示的界面 - 按 MENU 键 - 进入"文件"子菜单，如图 3-21c 所示 - 按 FCTN 功能键 - 选择 BACKUP/RESTORE，在备份与加载模式下切换，选择备份 BACKUP，如图 3-21d 所示。

在图 3-21d 中，选择备份按钮 BACKUP 后，出现的子菜单中可对某种类型的文件进行单独备份，若选择"ALL of above 以上所有"，则备份所有类型的文件。

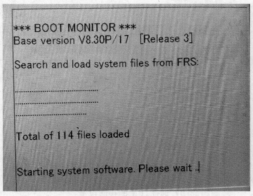

a) 开机界面

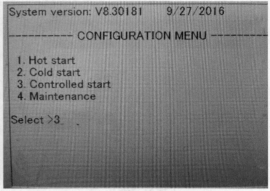

b) 选择控制启动模式

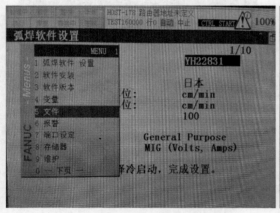

c) 进入备份文件界面

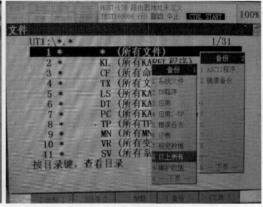

d) 备份界面

图 3-21　控制启动模式下的操作

　　加载的方法与图 3-21 相似，加载或备份后按 FCTN 功能键 - 选择 Coldstart 冷开机 - 进入一般模式，机器人可以正常工作。

三、在 Boot Monitor 模式下进行文件备份 / 加载

　　机器人处在关机状态 - 同时按下示教器的 F1、F5 键不松手 - 打开机器人控制柜电源 - 直到出现图 3-22a 所示的界面才可以松手。

　　在图 3-22a 中选择 "4.Controller backup/restore" 进入备份 / 加载界面，如图 3-22b 所示，选择 "2.Backup Controller as Images" 进入图 3-22c 所示的备份界面，若选择 "3.Restore Controller Images"，则会进入加载界面，加载的操作与以下备份操作类似。

　　在图 3-22d 中选择备份文件存储的介质，以 U 盘插在 TP 上为例，则选择 "UT1" - ENTER 回车 - 在图 3-22e 所示的界面中选择 1- 进入图 3-22f "Are you ready？" 界面中选择 Y=1- 系统备份过程如图 3-22g 所示，备份结束，在界面图 3-22h 中按回车键，重新接通机柜电源，机器人可以正常工作。

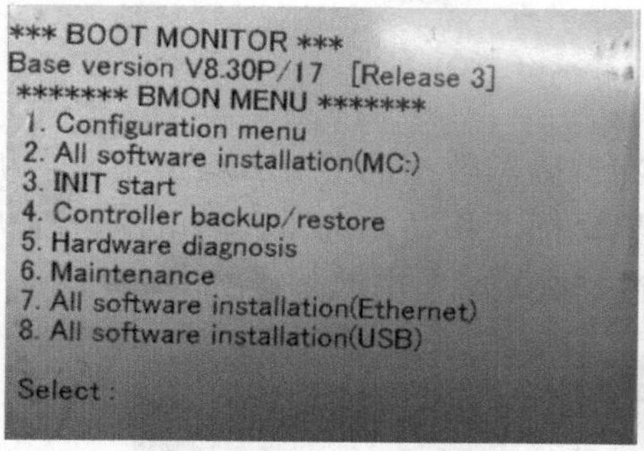

a) BMON MENU菜单

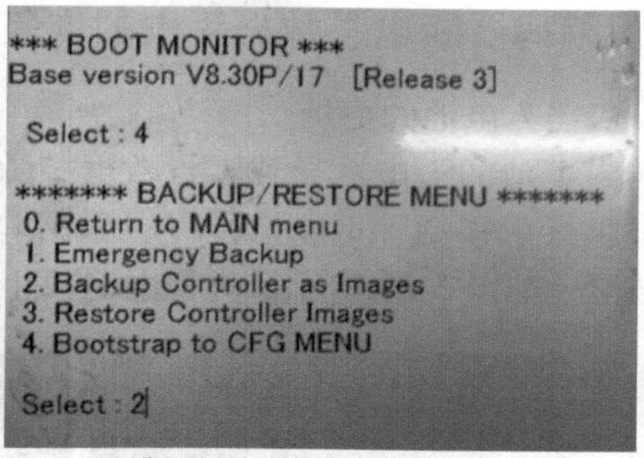

b) 进入BACKUP/RESTORE MEMU菜单

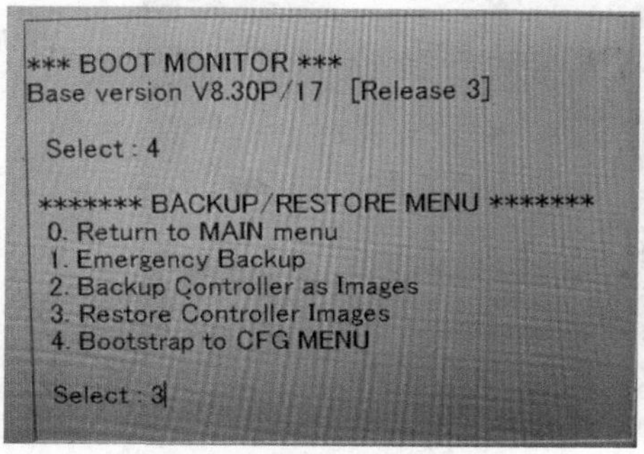

c) 备份界面

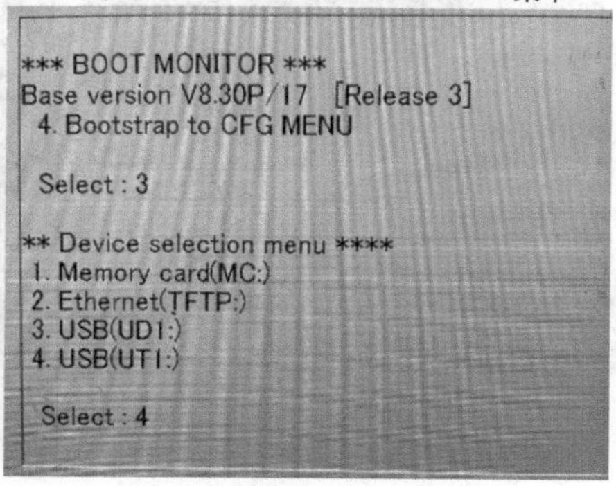

d) 选择存储介质

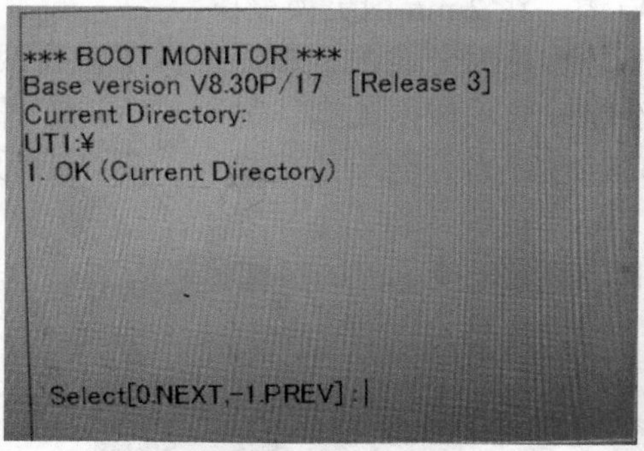

e) 确认选择存储介质

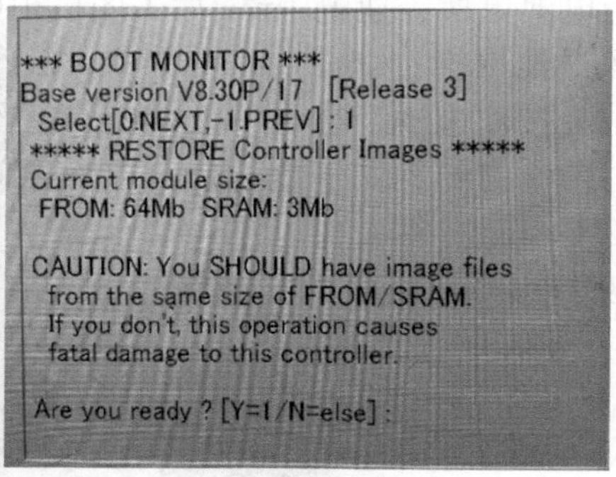

f) 确认界面

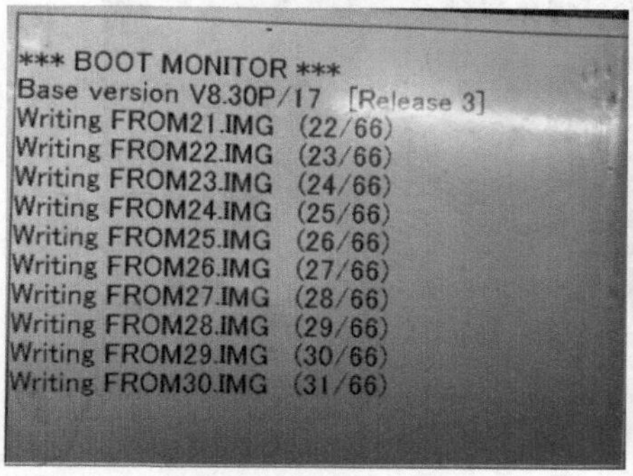

g) 备份过程界面

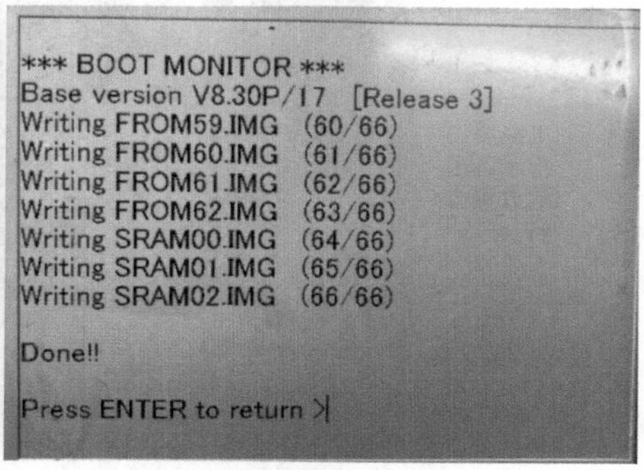

h) 完成备份界面

图 3-22　Boot Monitor 模式下的操作

任务二　编码器断电、数据丢失的恢复

一、机器人电池的更换

机器人电池的失电会导致零点数据、脉冲编码器数据的丢失，系统报错，机器人只能在关节坐标下移动，不能执行程序和在世界坐标下移动。机器人的电池包括机柜电池和机座电池，如图 3-23 所示，机柜电池两年换一次，机座电池一年换一次。

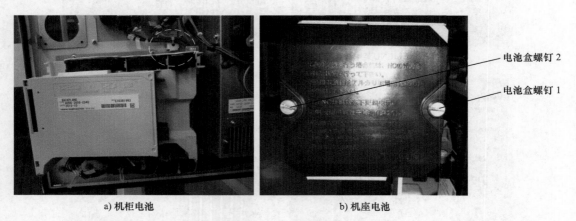

a) 机柜电池　　　　　　　　　　b) 机座电池

图 3-23　机器人电池

机柜电池更换：通电 1min 后关闭机柜电源，在 2min 内更换完毕。

机座电池更换：如图 3-23b 所示，机座电池有两个或四个螺钉，拆下时要两人配合操作，一人按住电池后盖，一人旋螺钉，不能一只手按电池盒，另一只手操作螺钉旋具旋开左右两个螺钉，由于电池盖与电池之间存在弹力，会导致旋松一个螺钉后另一侧螺钉受力不平衡而断裂。

如图 3-24 所示，电池有正负之分，拆下后盖要记住电池的极性。

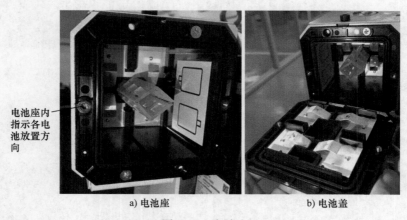

a) 电池座　　　　　　　　　　b) 电池盖

图 3-24　电池盒

更换机座电池要在机柜通电状态下进行，否则在断电状态下会出现 SRVO-062 脉冲编码器数据丢失、SRVO-075 脉冲编码器不能报警的故障，机器人不能在世界坐标下移动，只能在关节坐标下移动。出现此故障的原因在于机器人零点数据的丢失。

　　机器人零点位置是指机器人本体各个轴处于机械零点时的状态，此时将关节的角度定义为 0°。机器人的零点一般在出厂时已经用专门的教具标定，出现以下意外时才需要重新标定：机器人执行了初始化启动（恢复了系统）、SPC 备份电池的电压下降导致 SPC 脉冲记数丢失、关机状态下卸下机座电池、编码器电缆断开、更换 SPC、更换电动机、机械拆卸、机械臂受到冲击导致脉冲记数发生变化、在非备份状态下 SRAM（CMOS）的备份电池电压下降导致 Mastering 数据丢失。机器人的零点是伺服系统运算的坐标起点，重新标定时只要步骤规范和对准各轴零点标记时误差不致太大就能恢复精度。

二、清除 SRVO-062、SRVO-075 报警

（一）先清除 SRVO-062（Group：i　Axis：j）报警

　　出现 SRVO-062 报警时机器人完全不能动作，（Group：i　Axis：j）指示第几组第几轴报警，如图 3-25 所示，在报警界面中可以查看到第一组的 6 条轴都出现报警。

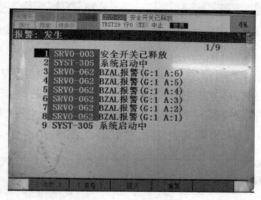

图 3-25　查看报警轴

清除步骤如下：

　　1）如图 3-26 所示，单击 MENU 菜单 -NEXT 下一页 -System 系统 -Master/Cal 零点标定 / 校准 - 进入图 3-28 所示的界面。若在图 3-26 中隐藏了"零点标定 / 校准"菜单，则通过以下路径显示：MENU 菜单 -NEXT 下一页 -System 系统 -Variables 变量 - 进入图 3-27 所示界面，把变量"$MASTER_ENB"的值改为 1。

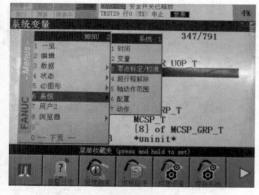

图 3-26　零点调整进入路径

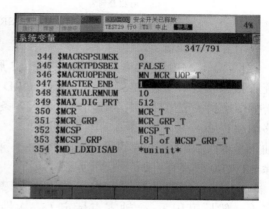

图 3-27　隐藏 / 显示"零点标定 / 调整"菜单

2）在图 3-28 界面中，按 F3 键，选择 RES_PCA 脉冲置零按钮 - 进入图 3-29，按 F4 键，选择是，将脉冲编码器置零。

3）重启机柜电源后报警列表中 SRVO-062 被清除。

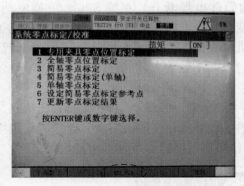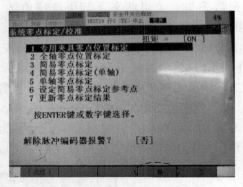

图 3-28　零点标定方式选择　　　　　图 3-29　编码器脉冲置零

（二）再清除 SRVO-075（Group：i　Axis：j）报警

SRVO-075 脉冲编码器无法报警，是连同 SRVO-062 同时出现的，必须先消除 SRVO-062 再消除 SRVO-075，SRVO-075 报警下机器人只能在关节坐标下运动。如图 3-30a 所示，在报警界面中选择报警的某一行 - 按 F2 键查看 - 可以进入图 3-30b 所示的界面中观察（Group：i　Axis：j）表达的第几组第几轴报警。图 3-30 中显示 6 条轴都报警。

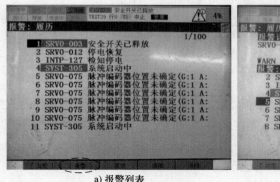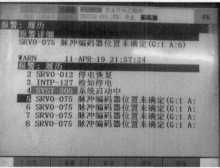

a）报警列表　　　　　　　　b）某行详细信息

图 3-30　SRVO-075 报警

清除步骤如下：

1）点击 MENU 菜单 -ALARM 报警 -F3 履历，查看报警信息，如图 3-30 所示 - 用 COORD 键将坐标切换到关节坐标 - 用示教器将机器人各条轴都移动超过 20°（哪条轴移动没有超过 20°，则该轴不能消除 SRVO-075 报警）- 按 RESET 键 - 消除 SRVO-075 报警，如图 3-31 所示。

2）零点复归。系统提供了专用夹具零点标定（一般厂家用）、全轴零点标定（一次性将全部轴标定）、单轴零点标定（针对某条报警轴）、

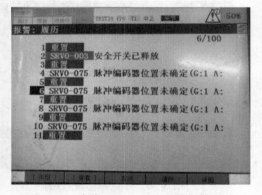

图 3-31　清除 SRVO-075 后的报警界面

简易零点标定（利用系统保存的 Master 数据进行恢复）等多种方式。下面以全轴零点标定为例说明。先在图 3-28 中，按照图 3-32 将每一条轴都调整到厂家标注零刻度线，第 6 轴可以 360° 旋转，只需将第 6 轴的夹具调整到正向位置即可。

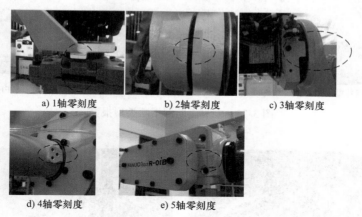

a) 1轴零刻度　　　　b) 2轴零刻度　　　　c) 3轴零刻度

d) 4轴零刻度　　　　e) 5轴零刻度

图 3-32　各轴零刻度线

在图 3-32 的基础上，在图 3-28 中选择"全轴零点位置标定"-ENTER 回车 - 如图 3-33 所示，会列出各轴的数据，选择"7 更新零点标定结果"- 选择"是"- 如图 3-34 所示，所有数据归零。

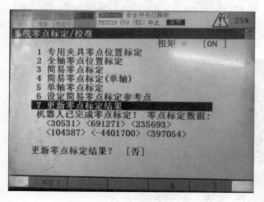

图 3-33　选择标定方式

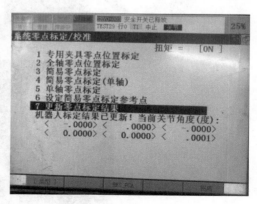

图 3-34　标定后的数据

3）在图 3-34 中选择"完成"- 系统自动隐藏"系统零点标定 / 校准"菜单。

任务三　熔断器熔断故障诊断

熔断器熔断必定是发生了电路故障或更换熔断器时使用了比原额定值小的熔心。常见的熔断器熔断有：输入 CRMA15/CRMA16 端子的 17（0V）-49（24V）短接、EE 端子 24V-0V 短接、安全门链信号串联。各类熔断器熔断的情况，TP 会有相应的报警代码，如图 3-35 所示。此时更换相应位置的熔断器，解除系统报警即可。但更换熔断器前必须看清原来熔断器的电流大小，排除问题所在才能更换，熔断器更换位置如图 3-36 所示。

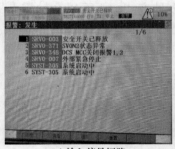
a) 输入信号短路

b) 门链回路短路

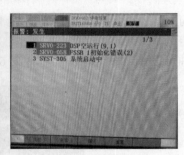
c) EE端子短路

图 3-35　常见熔断器熔断类型报警

a) 输入信号熔断器

b) 安全保护回路熔断器

c) 伺服放大器保护熔断器

图 3-36　Mate 柜各类熔断器的位置

工业机器人系统集成是一项综合性的开发工作，涉及机械设计与安装、电气设计、控制设计等多方面的内容。本部分通过两个经过实践的典型案例，介绍机器人外围系统集成的过程。当中应用了立体设计思维和模块化设计思维进行顶层规划。

项目一　冲压工作站系统集成

机器人应用于冲压上下料可以大大减少人手操作出现的意外事故，让人繁重、重复的劳动任务得以释放，提高了生产效率和生产安全性。在机器人与冲压机进行联合改造时，可以把冲压机的控制系统当成一个黑匣子，只要知道这个黑匣子输出可以使用的启动信号和安全信号即可。工业生产安全必须放在第一位，FANUC 机器人对工业现场的应用要求是非常严格的。下面从安全信号的设计出发学习如何可靠、有效地避免出现的意外可能，给人和设备最大的保护。

任务一　安全信号控制设计

一、FANUC 机器人固有的安全信号

1. 面板上的急停

机器人机柜上和示教器上都设有急停按钮，如图 4-1 所示，当按下机柜上的急停按钮时，示教器显示屏会出现"SRVO-001 操作面板紧急停止"的报警；当按下示教器上的急停按钮时，示教器显示屏会出现"SRVO-002 示教器紧急停止"的报警。两个急停按钮都必须松开，按示教器上的"RESET"键清除所有报警，机器人才能启动。控制系统中规定任何一类报警没有清除或者解决，机器人都不能启动。

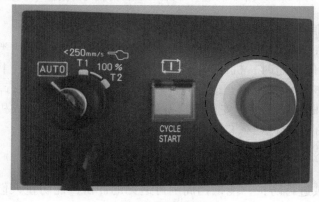

a) Mate柜上的急停按钮

b) 示教器上的急停按钮

图 4-1　按下面板急停按钮时的报警

2. 模式选择开关

如图 4-2 所示，机柜上的模式选择开关是一个钥匙开关，有三个档位，分别是 AUTO、T1、T2，机器人在停止运动状态下才能转换操作模式。

1) AUTO 模式（自动模式）：此模式下，安全栅信号有效，机器人能以指定的最快速度运行，可通过操作面板的启动按钮或外围设备的 I/O 信号启动机器人程序。

2) T1 模式（调试模式 1）：程序只能通过示教器启动，机器人运行速度低于 250mm/s，安全栅信号无效。

3) T2 模式（调试模式 2）：程序只能通过示教器启动，机器人能以指定的最快速度运行，安全栅信号无效。

图 4-2　模式选择开关及钥匙

3.DEADMAN 开关

在第一部分中有介绍过使能开关 DEADMAN 的位置，在示教器背部左右各一个，如图 4-3 所示，操作者轻按 DEADMAN 开关并按示教器 RESET 键可消除图 4-4 所示"SRVO-003 安全开关已释放"的报警，让机器人可以在 T1、T2 模式下进行示教或启动程序运行。"

图 4-3　DEADMAN 开关

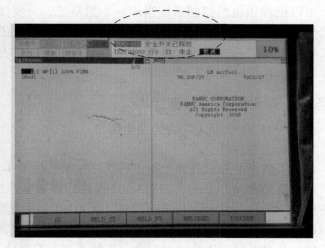

图 4-4　松开 DEADMAN 开关时的报警

二、外部急停信号与安全栅信号

在对机器人进行二次开发时，FANUC 机器人机柜提供了外部急停、安全栅两类需要加装的安全信号，当按下外部急停按钮时，机器人马上停止；当安装在安全栅栏上的安全门或安全链的插销被拔出时，机器人马上停止或只允许在 30% 的安全速度下运行。

机器人工作的区域是被安全栅栏包围的，安全栅栏一般高 1.2m 以上，要进入机器人的工作区必须通过安全栅栏设置的安全门出入口或打开安全链（安全扣）。

（一）安全栅栏类信号设置要求

1. 安全栅栏设置的要求

1) 栅栏对机器人操作的区域进行防护，能抵挡周围可遇见的冲击，能防止人们随意进入机器人工作区；

2）栅栏必须固定，不能有尖锐、锋利的毛边，不能成为危险源；

3）栅栏不能妨碍生产过程的监控和查看；

4）栅栏必须接地，防止发生触电事故。

2. 安全门和安全插销的设置要求

1）只有安全门关闭或插销插上，机器人才能自动运行；

2）安全门被打开又关闭后，若没有消除报警或重置报警，不能重新启动自动运行；

3）生产过程中安全门或安全插销一直闭合，若机器人运行时有人打开，则机器人马上停止运行。

3. 以安全为目的设置的传感器的设置要求

1）安全传感器开启前，工作人员不能进入危险区；

2）危险未查出、未解除前，工作人员不能进入限制区；

3）任何设备都不能影响这些安全设备的运行；

4）当传感器检测到危险让系统产生中断停止后，即使传感器信号恢复正常，没有确定报警复位，机器人也不能启动。

（二）机器人工作站外部安全信号设计

急停按钮要设置在人容易操作和触及的地方，而且安装位置明显容易看到，采用红色作为"蘑菇头"部件的颜色。如图4-5所示，安全门链的信号与急停按钮的信号共8条线，使用一条8芯护套线沿栅栏边进入机柜。

图4-5所示的人体红外感应开关代替了昂贵的激光扫描仪，单个人体红外感应开关检测的最大角度是140°，检测距离≥5m，安装高度在1.2m；虽然人体红外感应开关的感应是立体的，但检测角度不能达到360°，为了实现无死角范围的感应，需要对称安装两个感应开关。

图4-6列出了急停按钮的外形和人体红外感应开关的正反面，按下急停按钮蘑菇头则锁定，顺时针旋转则复位。图4-7所示是常见急停按钮的三种类型，FANUC机柜要求采用双急停回路接法，如图4-8所示，所以要选用两常闭输出的类型。

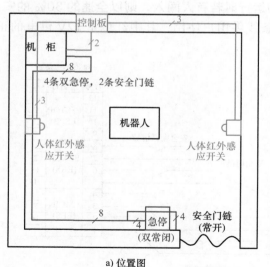

a) 位置图

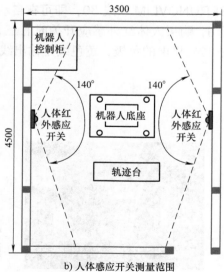

b) 人体感应开关测量范围

图4-5　机器人工位外部急停、人体红外感应开关安装图

a) 急停按钮

b) 人体红外感应开关正面

c) 人体红外感应开关背面电路

图 4-6　急停按钮、人体红外感应开关外形

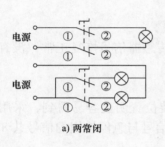
a) 两常闭

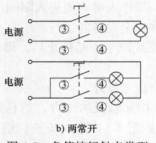
b) 两常开

c) 一常开一常闭

图 4-7　急停按钮触点类型

（三）机柜接线电路设计

图 4-8 所示是 FANUC 机器人机柜上接入外部急停信号与安全栅栏类信号的位置，出厂时接线端子设定在短接状态，使用时要拆除短接端子。急停按钮的信号可以直接接入 4-3、2-1 两对端子，但人体红外感应开关的信号是感应到人体辐射的红外线时在"黄 - 黑"线之间输出 12V 直流电压，因此不能把红外感应开关的信号直接接入机器人，要按照图 4-9 进行电路改造后把两个继电器的常闭触点串联在一起接到 UI[3] 安全速度端子（将 UI[3] 与 DI116 配置在相同的输入端，需要配置系统变量获得安全速度：Menu- 系统 - 变量 -$SFRUNOVLIM 改成 30，即可在自动运行时若有人闯入，则以全速的 30% 的安全速度运行）。购买人体红外感应开关时有三条线供用户使用，其中红色是 12V 供电的正极，黑色是 12V 供电的负极，黄色线是输出线。

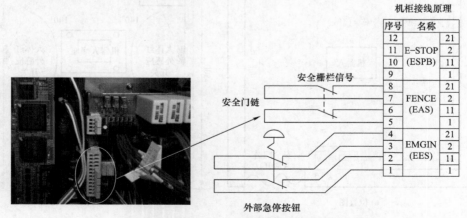

图 4-8　外部急停按钮、安全栅栏在机柜的接线

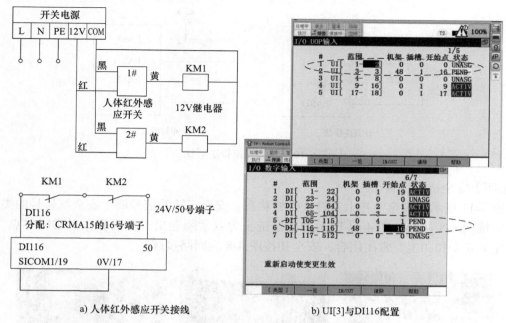

a) 人体红外感应开关接线　　　　b) UI[3]与DI116配置

图 4-9　人体红外感应开关接入机柜的电路

表 4-1 是机柜安全信号类型说明。FANUC 机器人公司强调，接到 EAS 急停的信号不能采用图 4-10 所示的单连接法。虽然单连接法是可以运行的，但使用起来安全性没有双连好。

表 4-1　机柜安全信号接线端子说明

序号	端子编号	信号名称	信号功能
1	FENCE-8	EES1	a. 将双常闭触点的急停按钮接到此两对端子上 b. 当触点开启时，机器人马上停止工作 c. 使用继电器或接触器的触点时，为降低噪声，应在继电器或接触器的线圈上安装火花抑制器或续流二极管电路 d. 不使用这些信号时，安装跨接线
	FENCE-7	EES11	
	FENCE-6	EES2	
	FENCE-5	EES21	
2	EMGIN-4	EAS1	a. 在 Auto 模式下打开安全栅的门或链时，机器人会按照设定的停止模式停止 b. 在 T1、T2 模式时，安全栅栏开关信号断开，也可以对机器人进行操作 c. 使用继电器或接触器的触点时，为降低噪声，应在继电器或接触器的线圈上安装火花抑制器或续流二极管电路 d. 不使用这些信号时，安装跨接线
	EMGIN-3	EAS11	
	EMGIN-2	EAS2	
	EMGIN-1	EAS21	

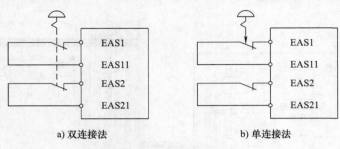

a) 双连接法 b) 单连接法

图 4-10 急停按钮接法对比

（四）安全链的设置

图 4-11 所示是安全链挂上和打开时的状态，安全门链的信号属于安全栅信号的类型，因此应按图 4-8 接线。图 4-11 所示的安全链头为双常闭输出，里面有一对常闭触点，正常情况下安全扣扣上，常闭闭合，安全扣按图 4-8 的回路接线。

a) 工作时安全链挂上 b) 安全扣双常闭装置 c) 安全扣打开

图 4-11 安全链设置

在进行机器人工作站的安全改造时，只要达到安全性能要求，使用的工业器件是多种多样的，FANUC 公司安全门链的扣需要定制。

（五）外部安全信号出现异常时的恢复

当外部安全信号出现异常报警时，要找出报警原因并排除后，才能重新启动系统并进行操作。在图 4-12 中出现了"SRVO-270 EXEMG1 状态异常""SRVO-267 防护栅栏 2 状态异常"原因是 EMGIN 4-3、FENCE 8-7 之间短路。出现此类报警不能直接按示教器的 RESET 复位键消除，必须进入图 4-12 查看后将信号重置才行。

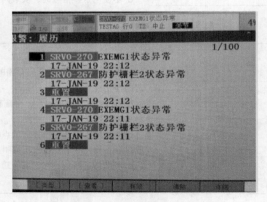

图 4-12 外部安全信号异常报警

任务二 冲床 - 机器人 - 外围 PLC 之间的关系设计

任务描述：国产天花板冲压机采用威舞 36MT-3PG-EN 型 PLC 进行控制，更换不同的冲压模具，可以生产不同的产品；冲压机带有对射光栅、急停按钮等安全装置，手动操作时人两手同时放在绿色急停按钮上且对射光栅没有检查到障碍物时冲床才允许下行冲压（见图 4-13）。为了提高生产效率，厂方要求使用机器人将原材料放入冲压机内，冲压完成将成品放到包装箱内，10 个为一箱，满一箱则机器人暂停，人工拿走成品再按启动按钮才能重新工作。控制设计要易于操作，运行可靠。

对射光栅

红色急停按钮

30mm×30mm铝扣
天花板冲压模具

绿色急停按钮

图 4-13 冲压机

任务分析：冲床是一种危险性较高的生产设备，每年发生工人意外伤害的事件数不胜数，发生工伤事故企业赔偿额度大，因此用机器人代替人工生产不单是提高生产效率，还是节约人工成本和避免安全事故的有效途径。工业上的控制器种类繁多，要学会举一反三的技术方法才能适应技术的更新，在此项目中的冲床采用的是威舞 PLC，其编程指令与三菱 PLC 相似，但后期机器人系统集成中无需清楚冲床 PLC 的每一条指令，只需知道其工作流程和控制信号即可。因此在系统集成中无需"解剖"冲床，把关键信号读取出来接入机器人即可，这些关键信号见表 4-2。

为了让没有技术基础的生产工人能对集成后的系统进行操作，因此选用触摸屏形象地提示系统状态和工作流程，并用工控板（或 PLC）将人操作的命令传给机器人和控制外围的设备和信号，这样系统能按照模块化的结构进行设计，使用立体双向的思路进行系统逻辑设计。

一、立体结构逻辑设计

将冲床威舞 PLC、FANUC 机器人 M-10iA、三菱工控板 30MR（或 PLC）进行整体系统设计，得出的逻辑结构如图 4-14 所示，各个模块之间功能相互独立，在具体实施过程根据模块之间的信号关系进行设计。在图 4-14 中要考虑的关系对数有：冲床 PLC-FANUC 机器人、FANUC 机器人 - 外围 PLC、外围 PLC- 触摸屏。

表 4-2　冲床与机器人之间的信号

序号	类型					
	冲床 PLC 给机器人的信号			机器人给冲床 PLC 的信号		
	威舞 PLC 输出	机器人输入	功能	机器人输出	威舞 PLC 输入	功能
1	Y15	DI101	冲压完成，模具打开	D0103	X0	机器人输出急停信号
2				DO102	X4	机器人运行冲床开始冲压

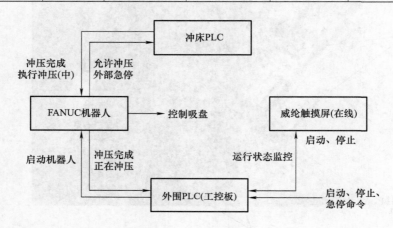

图 4-14　冲压工作站各控制部件信号连接关系

二、自动化器件选型

为了达到控制目的，降低成本，保证可靠性和稳定性，选用的自动化器件必须质量可靠、性价比高。一个项目设计的控制器和耗材是比较多的，在采购前要列出清单以便核算成本。本项目的主要器件和耗材清单见表 4-3。

表 4-3 不包含导线和任务一中安全信号设计用到的器件和耗材。

表 4-3　主要器件及耗材

序号	名称	型号	功能说明
1	威舞 PLC	36MT-3PG-EN	冲床原有
2	FANUC 机器人	M-10IA	六轴搬运机器人，水平可达距离 ≥ 1420mm，重复精度 ±0.08mm，承重负载 ≥ 12kg，通用 I/O：28 入，24 出
3	三菱工控板	FX2N-30MR	处理人手操作信号、机器人联机信号、外部传感器信号，与触摸屏通信
4	威纶触摸屏	TK6071IP，7in[①]	监控工控板信号
5	24V 直流继电器	欧姆龙 OMRON 中间继电器，LY2N-J	机器人 - 冲床 PLC- 工控板之间的 I/O 信号转换；DC 24V 10A，2 开 2 闭，8 脚

（续）

序号	名称	型号	功能说明
6	光电传感器	漫反射 NPN 型，E3Z-D62，输入电压 12~24V	成品计数、吸盘是否有吸取工件检测
7	FANUC50 芯分线器端子台	洛克电子 FX-50HD/Z	CRMA15、CRMA16 电缆头扩展
8	开关电源	24V 直流输出，2A	给工控板、传感器供电
9	按钮开关	复位型	给工控板输入信号
10	编码管	直径 4mm	给接线套号码标记
11	热缩管	直径 3mm	接口恢复绝缘
12	计算机	安装 XP 以上系统	三菱工控板编程、威纶触摸屏组态（含 GX-Developer 软件、威纶触摸屏软件）

① 1in=0.0254m。

为了使设备能长期稳定运行，企业会定期对设备进行点检保养，机器人冲压工作站日常维护包括冲压机液压油的添加、机器人机油的更换、机器人电池的更换（机柜电池和本体电池）、设备表面除尘和螺钉上油。

三、工作台设计

工作台主要用于放置铝板原材料和收集成品的包装箱，高度设计要考虑人体操作的方便性。如图 4-15 所示，工作台包装箱旁装有光电传感器，用于计算放到箱子里的天花板数量，实现满一箱自动停止，更换箱子后再启动。工作台中间放置绝缘的木板用于放置控制箱，冲床工作过程会有振动，因此工作台的四个脚要固定在地面上，与机器人的安装要求一样，工作台要保持水平，工作台要在机器人正常够得着的工作范围之内。工业上一般使用工业铝型材进行工作台的加工，其不易生锈，易调整夹具的位置，但价格较高。

在图 4-15 所示的工作台中考虑了原料区的定位和包装箱的放置高度，充分利用工作台的空间。计数传感器用表 4-3 的漫反射光电传感器，传感器安装高度要比箱子边沿高。如果采用称重传感器来计算一箱成品的总重量来确定是否装满一箱，在此项目中是不可行的，因为铝扣天花板较轻，称重传感器的分辨率不够高，因此机电设计中要充分考虑理论与实际间的差距。

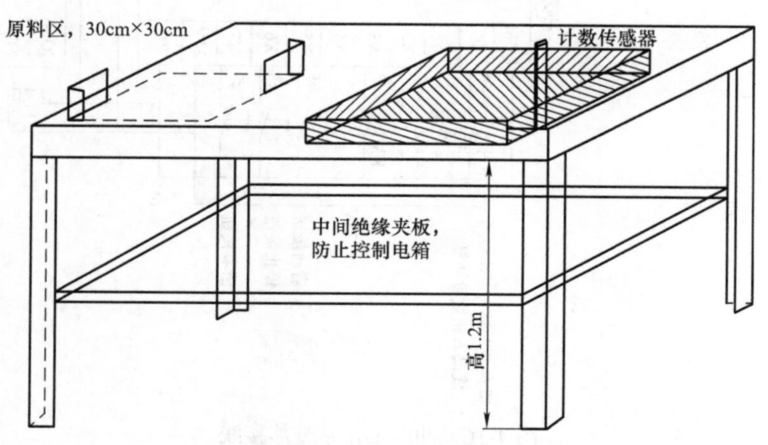

图 4-15 原材料与成品工作台

任务三　机器人 I/O 信号与程序设计

图 4-16 描述的是整个项目各个控制模块之间的关系，冲床用于加工，机器人用于搬运，工控板用于采集外围信号和人的指令，触摸屏用于监控；各模块之间既独立协作又相互交换数据，这些数据都是开关信号。机器人在逻辑结构上处于中心位置，起到承上启下的作用。

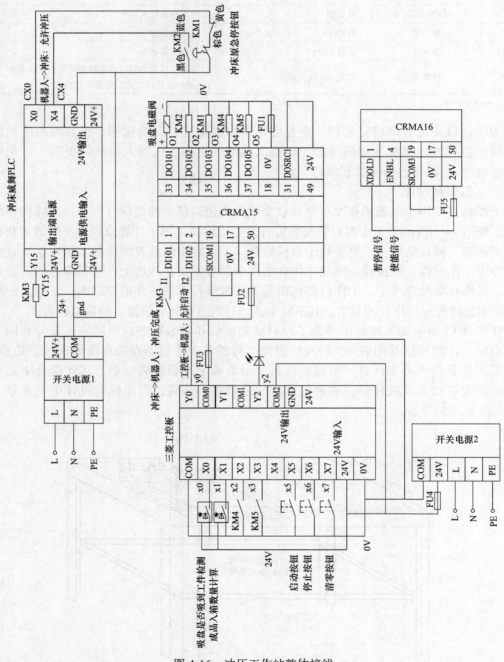

图 4-16　冲压工作站整体接线

图 4-16 把各个控制模块之间的信号关系用一张总图进行表达，反映了具体实施细节。

一、根据机器人的工作任务设计其 I/O 信号

机器人接收工控板传来的启动信号和冲床冲压完成反馈的信号，这些信号往往不能直接输入到 FANUC 机器人的控制信号端子，需要在信号回路中串入 24V 电源，这是由 FANUC 机器人输入信号接收器决定的。因此输入到机器人的信号往往要经过处理，在图 4-15 中输入到机器人 DI 端子的信号是经过继电器转换的。

FANUC 机器人的输出信号带 24V 电压，可以把 DO 端子看成电流正极的流出点，其驱动负载是 24V 直流的类型，不能用于控制大功率设备，因此，如果 DO 信号控制大功率设备时也要经过继电器的转换，用弱电控制强电的方法（DO 端子控制继电器，继电器的触头控制大功率负载）。

从机器人的角度，表 4-4 列出了 FANUC 机器人在冲压工作站控制中的 I/O 信号数量，使用 Mate 柜无连接器面板的类型。

表 4-4 冲压工作站 FANUC 机器人 I/O 分配表

输入信号			输出信号		
CRMA15 编号	端子	功能	CRMA15 编号	端子	功能
1	DI101	冲床传给机器人的信号，允许机器人把工件放入冲压模具内或在冲压模具内把成品取出	33	DO101	控制电磁阀吸盘吸取和放下工件
2	DI102	工控板给机器人的信号，运行机器人开始执行程序	34	DO102	机器人给冲床 PLC 的信号，运行冲床可以开始冲压
20	SDICOM2	输入信号公共端（与 17、18、29、30 号端子中的一个端子相连）	35	DO103	机器人操作系统监测到急停信号则输出
19	SDICOM1	输入信号公共端（19、20 号端子内部连通）	36	DO104	机器人给工控板信号，机器人给冲压系统输出允许冲压信号（与 DO102 同步）
17/18 29/30	0V	24V 电源负极（向外供电，17、18、29、30 号端子内部连通）	37	DO105	机器人给工控板信号，机器人收到冲床完成冲压的信号（与 DI101 同步）
49/50	24V	24V 电源负极（向外供电，49、50 号端子内部连通）	31/32	DOSRC1	输出信号公共端（31、32 号端子内部连通，与 49 或 50 号端子相连）

在 FANUC 机器人的 CRMA15 端子中 17、18、30、29 号端子内部连通，为 0V（24V 负极）；49、50 号端子内部连通，为 24V 正极。

除了 CRMA15 信号板作为 I/O 信号，CRMA16 信号板也要给出必要的配置，否则机器人不能正常运作。例如表 4-5 的 ENBL 使能端子必须输入 24V 正电压，否则机器人不能启动。

在图 4-17 中可以看到端子台的具体外形和对应线缆编号的位置，实际接线施工时就是根据图 4-16 的原理在图 4-17 的端子上接线。

表 4-5　CRMA16 信号板必要接线

端子号	功能	所连端子号	相应电压 /V
1	XDOLD	50	24
4	ENBL	50	24
19	SDICOM3	17	0
31	DOSRC1	49	24

a) CRMA15/CRMA16 线缆接头接入的洛克电子端子台

CRMA15

1	2	3	4	5	6	7	8	9	10	11	12	13	14	15	16	17	18
DI101	DI102	DI103	DI104	DI105	DI106	DI107	DI108	DI109	DI110	DI111	DI112	DI113	DI114	DI115	DI116	0V	0V
		19	20	21	22	23	24	25	26	27	28	29	30	31	32		
		SDICOM1	SDICOM2		DI117	DI118	DI119	DI120				0V	0V	DOSRC1	DOSRC2		
33	34	35	36	37	38	39	40	41	42	43	44	45	46	47	48	49	50
DO101	DO102	DO103	DO104	DO105	DO106	DO107	DO108									24F	24F

CRMA16

1	2	3	4	5	6	7	8	9	10	11	12	13	14	15	16	17	18
XDOLD	RESET	START	ENBL	PNS1	PNS2	PNS3	PNS4									0V	0V
		19	20	21	22	23	24	25	26	27	28	29	30	31	32		
		SDICOM3		DO120					DO117	DO118	DO119	0V	0V	DOSRC1	DOSRC2		
33	34	35	36	37	38	39	40	41	42	43	44	45	46	47	48	49	50
CMDENB	FAULT	BATALM	BUSY					DO109	DO110	DO111	DO112	DO113	DO114	DO115	DO116	24F	24F

b) 端子编号和功能分布

图 4-17　CRMA15/CRMA16 对应端子台的编号和默认配置

二、从机器人角度出发绘制接线图

在对施工文件进行归档时，图 4-18 是其中一项重要技术资料，工程人员要学会绘制和从单一控制器角度识读此类接线原理图。图 4-18 实际是图 4-16 的一个局部，但工程制图复杂时由于一张图样的篇幅限制，往往无法绘制完整的全局接线图（见图 4-16），要学会把局部接线图用更多的图样整理成一幅完整的接线图，这样才能看清整个系统的全局，不要只限于工程文件中零散的局部接线图。

在工程技术文档中有专门描述各个端子台（端子排）的信号进出的表格。表 4-6 描述了机器人接线端子台上各条接线的线号和连接的上下端目标。

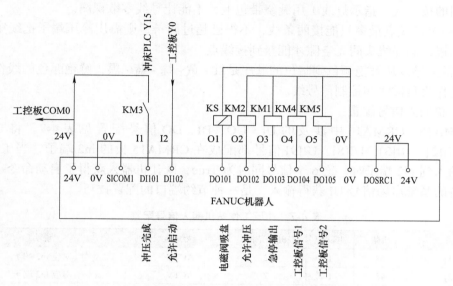

图 4-18　冲压工作站系统集成中的 FANUC 机器人 I/O 信号

表 4-6　机器人接线端子图表

下端目标	线号	端子号	上端目标
KM3-NO	I1	1	DI101
工控板 -Y0	I2	2	DI102
KS- 线圈	Q1	33	DO101
KM2- 线圈	Q2	34	DO102
KM1- 线圈	Q3	35	DO103
KM4- 线圈	Q4	36	DO104
KM5- 线圈	Q5	37	DO105

电气接线要按照整齐、规范、美观的工艺要求进行操作，端子排的设置原则和接线工艺有专门的规定：

1）何时设置端子排——控制箱内部的线可以直接在元件之间连接，无需经过端子排；当箱外的线要进入箱内（如电源线、输入的控制信号、操作指令排线、传感器信号线）或箱内的信号要输出到箱外的元件（如电动机控制线、输出给箱外 PLC 的信号）时，必须经过端子排，以便检修时可以方便拆线检查。

2）一条线的两端都要套编码管，而且两个编码管的编号相同；等电位分线点的接线编号相同（例如 24V 正极很多器件要用到，不可能把所有线都拧到一个接线点，因此用端子排把 24V 用线分到多个接线点，这些 24V 的点是等电位点，在它们引出线上套的编号管号码是相同的）。

3）一个接线点导线露铜不允许超过 2mm，否则大电流下会有火花且不安全。

4）单股硬导线在接线时可以不压冷压端子，多股软线需要压冷压端子（线针、线耳、线叉）。

5）黄绿相间的导线只能作为地线，不能作为电源线和信号线。

6）接入电箱内的线可以放入波纹管内或 PVC 线管内，电箱内较长的线（如箱底板引到箱门的按钮线、指示灯线）用缠绕带包上，不能让导线零散裸露。

7）一个接线点最多只能接两条线，不得已超过两条，则需用冷压端子把线牢固压在一起并搪锡，确保线头间无空隙才能接到接线点。

8）常见导线从鲜艳颜色到暗色的顺序是红 - 黄 - 绿 - 蓝 - 黑，鲜艳颜色的线作为正极线，暗色作为负极线和控制信号线。

三、机器人信号配置

CRMA15、CRMA16 中涉及的 UI、UO、DI、DO 信号配置见表 4-7。将 DI102 与 UI[1]、UI[2]、UI[3]、UI[8]、UI[9] 信号都配成在 CRMA15 板的 in2 端子，当工控板 Y0 将信号输入到 in2 端子时，这 6 个信号同时为 True，既让机器人获得了启动命令，也让机器人必备的系统启动信号 UI 获得输入，是一种节约端口的配置技巧。

表 4-7　冲压工作站机器人信号配置

范围	机架	插槽	开始范围	状态	说明
UI[1]	48	1	2	ACTV	对应 in2 端子
UI[2]	48	1	2	ACTV	对应 in2 端子
UI[3]	48	1	2	ACTV	对应 in2 端子
UI[8]	48	1	2	ACTV	对应 in2 端子
UI[9]	48	1	2	ACTV	对应 in2 端子
DI[101-102]	48	1	1	ACTV	DI101 对应 in1 端子，DI102 对应 in2 端子，即图 4-17b 中 CRMA15 的 1、2 号端子
DO[101-105]	48	1	1	ACTV	DO101~DO105 对应 out1~out5 端子，即图 4-17b 中 CRMA15 的 33~37 端子

（一）设置示教器急停、机柜的急停、机器人检测到外部急停按下时 DO103 输出

系统→配置→急停按下时输出信号 [DO103]，103 为人手动输入，具体配置方法如图 4-19 所示。

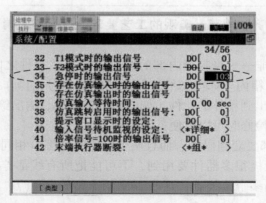

图 4-19　配置急停按下时 DO103 输出的步骤

（二）设置机器人自动运行模式

1）将远程启动设备类型的系统变量 $RMT_MASTER 设为 0。

示教器中 -MENU 菜单→ 0 NEXT → 6 system 系统设定→ F1 Type 类型→ Variables 系统参数→ $RMT_MASTER 设为 0（外部设备启动）。

2）将自动模式设为 REMOTE（外部控制），将使能 UI 信号设为 TRUE（有效）。

示教器中 -MENU 菜单→ 0 NEXT → 6 system 系统设定→ F1 Type 类型→ Config 配置→将 [Remote/Local Setup] 设为 REMOVE，将 ENABLE UI SIGNAL 设为 TRUE。

3）系统→配置 6 →本地 / 远程（本地）43 →末端执行器断裂→ 42 设禁用，具体操作步骤如图 4-20 所示。

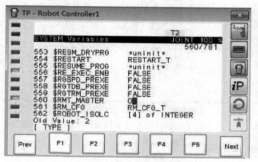 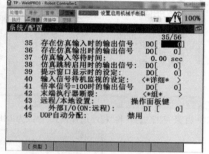

a) 配置$RMT_MASTER   b) 配置外部控制、远程启动、禁用末端执行器断裂

图 4-20　配置远程启动有效

4）MENU 菜单→ 5 I/O → 9UOP →设置 UI[1] 瞬时停止、UI[2] 暂停、UI[8] 使能信号、UI[9]RSR1 选择信号对应 DI102 端子（**这样，当 DI102 有信号时，则让 UI1、UI2、UI8、UI9 获得有效信号且 RSR0001 程序被选择启动**），具体配置界面如图 4-21 所示。

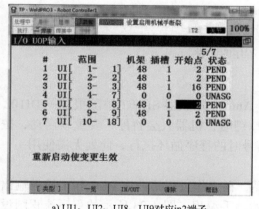 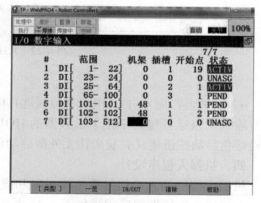

a) UI1、UI2、UI8、UI9对应in2端子   b) 配置DI102对应in2端子

图 4-21　配置 UI 信号对应同一个 DI102（16 号输入）端子

5）在图 4-22 中设置 RSR1 有效，基准号码为 0（将冲压工作站的机器人程序以

RSR0001 命名，对应 RSR1 的 UI[9] 信号有效，则 RSR0001 进入运行；在第 4 点中将 UI[9] 对应 DI102，则工控板 Y0 给机器人的启动信号在 DI102 输入后，机器人可以进入 自动运行）。

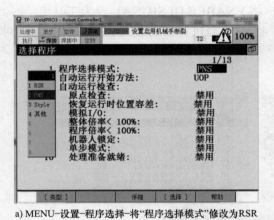

a) MENU–设置–程序选择–将"程序选择模式"修改为RSR

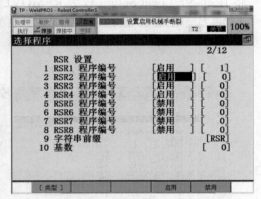

b) 在a)的详细标签中设置RSR1启用，基数为0

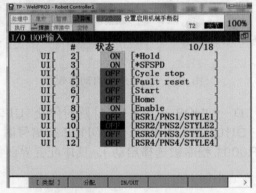

c) UI9与RSR1的对应界面：MENU–I/O–UOP

图 4-22　RSR 程序的设置

6）示教器打向 OFF →机柜三位钥匙打向 Auto →示教器 SHIFT 清除报警→ DI102 信号有输入（当运行过程中按下示教器的 HOLD 键时，机器人会暂停，要重新启动，按下机柜绿色启动按钮使其亮起来让无外部启动信号时的程序循环执行，此处无需使用）。

四、机器人程序设计

机器人按照输入的信号搬运原材料和成品，在工作过程给冲床 PLC 和工控板输出信号，在编程前应梳理程序逻辑如图 4-23 再开始动手编程。图 4-23 所示的程序流程图设计是工程人员必须掌握的技能，从中可以分析程序的逻辑是否严谨，控制环节是否有缺陷，是工程人员交流的一种语言。

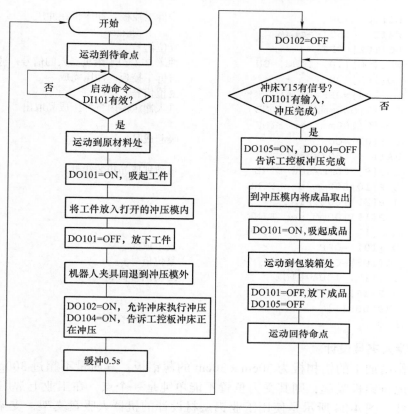

图 4-23 机器人程序流程图

具体的机器人程序如下：

```
1:     LBL[1]
2:     L P[22] 100mm/sec FINE        待命点
3:     WAIT DI[102:WL]=ON            DI102 由工控板给出，机器人开始工作的命令
4:     L P[18]500mm/sec FINE         运动到原料位置
5:     L P[17]500mm/sec FINE
6:     L P[16]500mm/sec FINE
7:     DO[101]=ON                    负压吸盘工作，将工件吸起
8:     WAIT   .50(sec)

9:     L P[19]500mm/sec FINE         将工件放入打开的冲压模内

10:    L P[20]500mm/sec FINE
11:    L P[4]500mm/sec FINE
12:    L P[3]500mm/sec FINE
13:    L P[2]500mm/sec FINE
14:    L P[1]100mm/sec FINE
15:    L P[15]100mm/sec FINE
16:    WAIT  1.00(sec)               缓冲
17:    DO[101]=OFF                   放下工件
18:    WAIT   .50(sec)
19:    L P[6]200mm/sec FINE          机器人夹具回退到冲压模外
20:    L P[5]500mm/sec FINE
21:    DO[102]=ON                    允许冲床工作
```

```
22 :    DO[104]=ON                      告诉工控板：冲床正在冲压
23 :    WAIT   .50(sec)
24 :    DO[102]=OFF                     复位信号
25 :    WAIT DI[101:CCWC]=ON            冲床 PLCY15 给机器人的信号，冲床完成冲压
26 :    DO[105]=ON                      告诉工控板，冲压完成
27 :    DO[104]=OFF                     复位信号
28 :    L P[7]500mm/sec FINE            进入冲压模内将冲压成品取出
29 :    L P[8]100mm/sec FINE
30 :    DO[101]=ON                      吸起成品
31 :    WAIT   .50(sec)
32 :    L P[9]500mm/sec FINE            运动到成品包装箱处
33 :    L P[10]500mm/sec FINE
34 :    J P[21]100% FINE
35 :    L P[11]100mm/sec FINE
36 :    L P[12]100mm/sec FINE
37 :    DO[101]=OFF                     放下成品
38 :    DO[105]=OFF                     复位信号
39 :    J P[13] 100% FINE               运动回待命点
40 :    J P[14] 100% FINE
41 :    JMP LBL[1]
        END
```

五、机器人夹具设计

冲压工作站加工的铝扣板为 30cm×30cm 的薄铝板，其质量不超过 300g，机器人的夹具要平稳地将铝板吸起，则其受力位置不能单纯是一个点。在工业上常用负压吸盘吸取平面型工件，图 4-24 所示是使用工业铝型材设计的机器人吸盘支架，支架上固定有 4 个负压吸盘，这 4 个吸盘都是由同一个单向电磁阀控制的。

负压吸盘采用真空原理将塑胶内的空气抽走，达到吸附目的；负压吸取物体的装置一般包括电磁阀、真空发生器、吸盘三个主要部分，如图 4-25 所示。

图 4-24　铝扣板吸取夹具

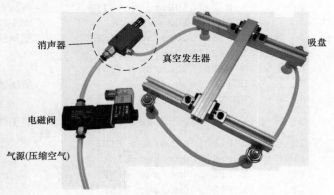

图 4-25　负压装置组成部件

任务四　三菱工控板 I/O 信号和程序设计

PLC 控制系统的设计从控制要求出发分析需要的 I/O 点数确定 PLC 的选型，再绘制 I/O 分配表和 I/O 接线图，最后设计程序流程和根据流程编写梯形图并现场调试。

目前 PLC 分成三菱和西门子两大派系，其他品牌的 PLC 编程指令跟这两个品牌都是大同小异。三菱 PLC 性价比高，以其步进指令的先进性见称，但通信编程比较复杂；西门子 PLC 价格昂贵，但其通信协议集成类型多，通信功能强，编程容易。一般单工作站控制不涉及通信用三菱派系编程效率高，涉及网络通信和联机运行的用西门子派系较好。PLC 价格与其 I/O 数量和功能指令数量成正比，在够用的前提下选择合适的型号。

PLC 的编程思想分为经验法和步进法，经验法可以实现任何逻辑控制的流程，步进法用于可以明确分为各个控制步骤的场合。在本项目中，三菱工控板仿真三菱 PLC 的指令进行开发，主要用于监控机器人运行，工作任务不涉及明显的步骤，因此采用经验法编程。

表 4-8 是根据工作任务规划的 I/O 分配表，图 4-26 所示是具体的 I/O 接线图，输出端 COM0 是 Y0、Y1 的公共端，COM1 是 Y2 的公共端。按照工业规范，停止按钮、急停按钮、过载保护信号接常闭触点。

表 4-8　工控板 I/O 分配表

输入端子	功能	输出端子	功能
X0	工件掉落检测	Y0	运行机器人工作
X1	成品入箱数检测	Y1	工作指示
X2	机器人传来的正在冲压信号		
X3	机器人传来的冲压完成信号		
X4	备用		
X5	启动按钮		
X6	停止按钮		
X7	清零按钮		

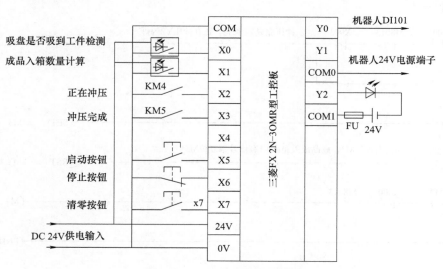

图 4-26　工控板 I/O 接线图

编写的梯形图如下：其中 X5 触点与 M0 触摸屏输入信号作为启动命令，X6 触点与 M1 触摸屏输入信号作为停止命令；一箱满 10 个 10s 后自动清零，用计数器 C0 计算，计数器 C1 计算生产数量；用 X7 触点与 M3 触摸屏输入信号作为清零命令。PLC 的编程是将语言表达转换成梯形图表达的过程，实际是运用经验法中点动、自锁、互锁、计数、定时、一分为多的程序模块对各条逻辑进行表达，如图 4-27 所示。

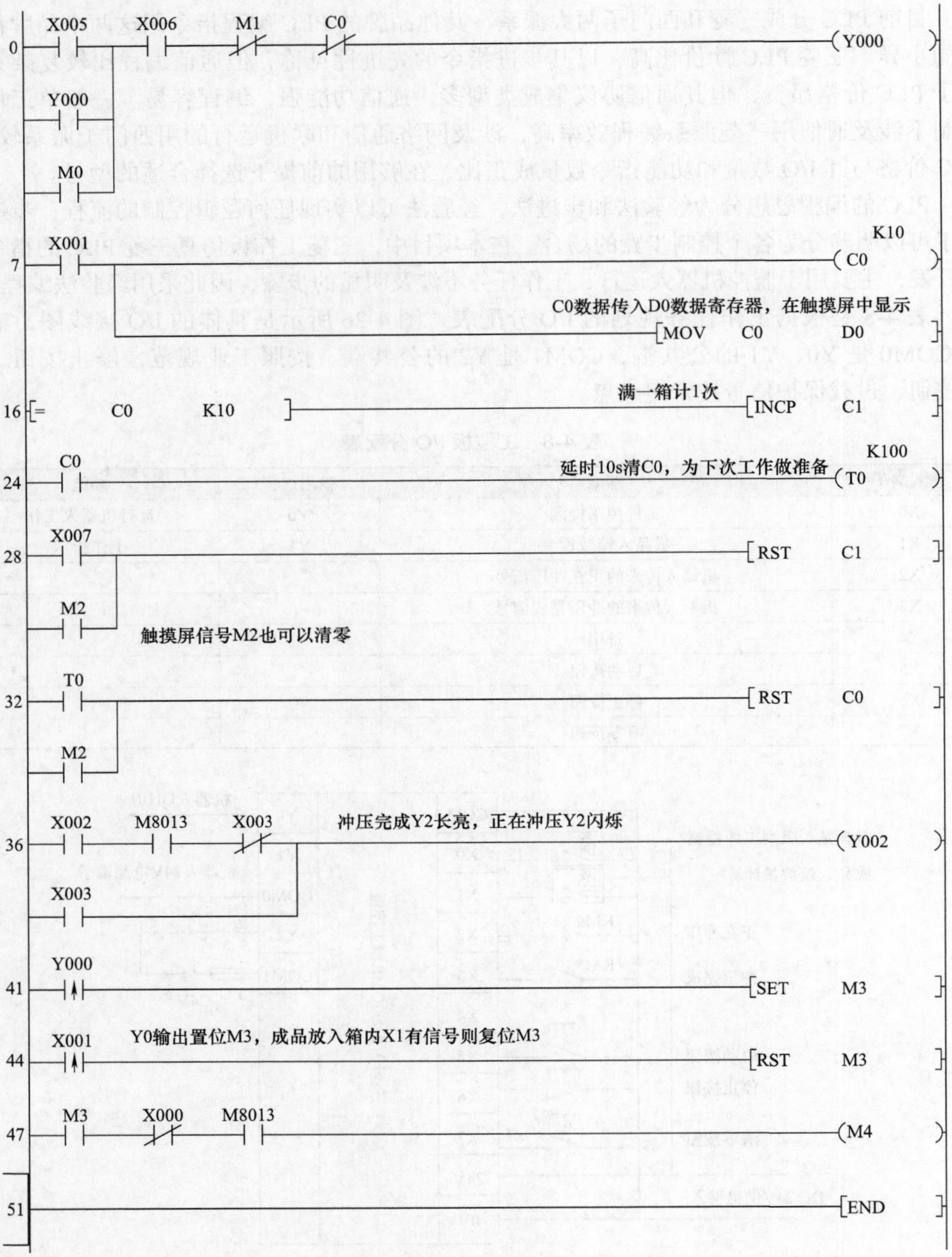

图 4-27　梯形图

任务五　人机界面组态设计

触摸屏实际上是监控 PLC 的软元件，因此触摸屏界面的设计是根据 PLC 的程序进行设计的。根据任务四的程序，触摸屏监控的软元件见表 4-9。

表 4-9 触摸屏功能元件

元件名称	功能	元件名称	功能
辅助继电器 M0	启动命令	输出继电器 Y0	监控 Y0
辅助继电器 M1	停止命令	输出继电器 Y2	冲压中、冲压完成指示
辅助继电器 M4	清零命令	X0 传感器指示	吸盘是否有工件指示
		CV1	对应 PLC 计数器 C1，计算成品箱数
		D0	对应 PLC 数据寄存器 D0，记录每箱成品数（10 个一箱）

触摸屏的品牌有很多，例如威纶、西门子、E-View、昆仑通泰，主流触摸屏支持计算机在线运行，集成了常见 PLC 的驱动，每款触摸屏的组态过程大同小异。本项目采用威纶触摸屏，可以在线运行，确定界面监控正确后再下载到触摸屏中。

组态过程如图 4-28 所示。

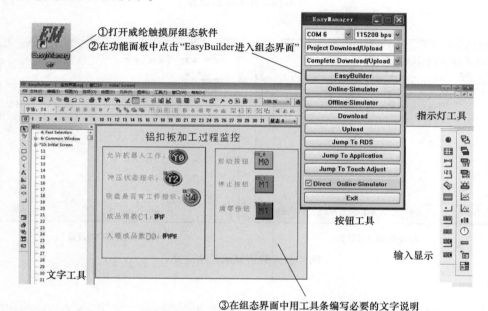

图 4-28 组态过程

位状态指示灯设置如图 4-29 所示，开关按钮设置如图 4-30 所示，数值显示元件设置如图 4-31 所示。

a) 指示灯地址设置

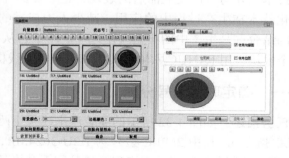

b) 指示灯图形设置

图 4-29 位状态指示灯设置

a) 开关按钮地址设置   b) 开关按钮图形设置

图 4-30　开关按钮设置

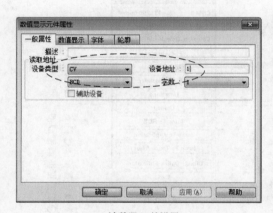

a) 计数器C1的设置   b) 数据寄存器D的设置

图 4-31　数值显示元件设置

项目二　机器人自动化生产线系统集成

　　工业 4.0 时代是智能制造技术在自动化生产中的应用，包含人工智能、MES 生产管理、工业机器人技术、仿生传感、视觉识别等先进技术。我国出现的"招工难""用工荒"现象是技术人才与生产发展滞后的表现，企业要实现"无人车间""黑灯工厂"靠的是先进自动化技术在生产过程中的应用，减少人力成本的同时提高生产效率。工业机器人与流水线的结合，是生产中的典型应用之一。本项目从 MPS 模块化生产控制出发集成流水线的各个模块，用 FANUC 六轴机器人和雅马哈直线机器人实现分拣和搬运。

任务一　确定联机信号分配

　　任务描述：如图 4-32 所示的灌装流水线采用两个汇川 PLC 控制（兼容三菱 FX2N 系列 PLC 指令），其中 2#PLC 型号为 H2U-3624MR，控制灌装模块；1#PLC 型号为 H2U-3232MT，控制雅马哈机器人实现合格品和不合格品的分拣、入仓；FANUC 机器人在流水线原有功能的基础上将打包的不合格品（为 4 个一箱）搬运到指定位置，合格品（4 个 1

箱）由 1#PLC 控制流水线实现入库。流水线可以根据不同的生产要求决定是否对液灌的液体进行加温。

图 4-32 流水线各模块

任务分析：

1. 两个 PLC 的通信和 I/O 分配

流水线上的两个 PLC 以 1#PLC 作为主站，2#PLC 作为从站，采用 RS485 N：N 并联通信实现交互，通信线的连接方式如图 4-33 所示；从控制功能上进行 I/O 分配，2#PLC 的 I/O 接线图如图 4-34 所示，1#PLC 的 I/O 接线图如图 4-35 所示。

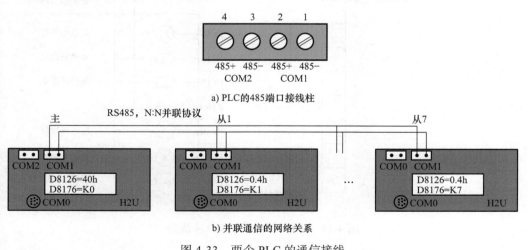

a) PLC的485端口接线柱

b) 并联通信的网络关系

图 4-33 两个 PLC 的通信接线

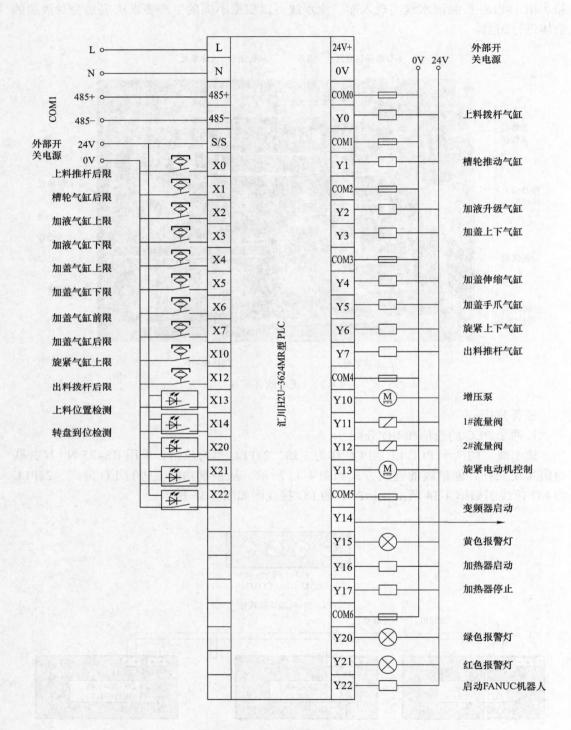

图 4-34 从站 -2#PLC 的 I/O 接线图

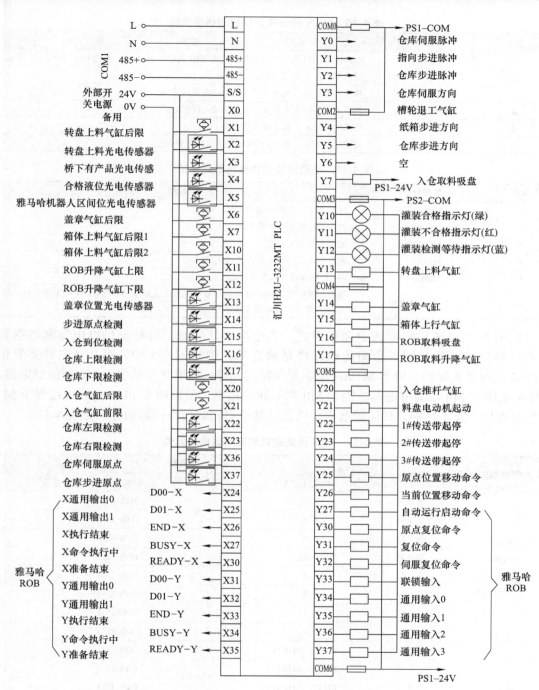

图 4-35 主站 -1#PLC 的 I/O 接线图

2. 两个 PLC 通信协议中的通信元件确定

两个汇川 PLC 采用 N:N（半双工）的通信方式，N:N 通信只能使用 COM1 口，最多只能 8 台 PLC 并联运行，其中一台 PLC 作为主站，其他 PLC 作为从站，主站发起通信和管理其他从站。设置 D1826=40H，则 PLC 为 N:N 协议的主站；设置 D1826=04H，则 PLC 为 N:N 协议的从站。通信过程涉及的特殊数据寄存器和特殊辅助继电器见表 4-10 和表 4-11。

表 4-10　N∶N 通信需要设置的通信参数

序号	软元件	功能
1	D8126	COM1 通信口通信协议选择，设为 40H 表示 N:N 主站；设为 04H 表示 N:N 从站
2	D8176	站点号，范围 0~7，0 表示主站点
3	D8177	从站点的总数，范围 1~7，仅主站需要设置
4	D8178	刷新范围（模式）设置，范围 0~2，仅主站需要设置
5	D8179	重试次数设定，仅主站需要设置
6	D8180	通信超时设置，单位为 10ms，仅主站需要设置

表 4-11　通信涉及的特殊辅助继电器

序号	软元件	功能
1	M8000	PLC 程序运行时一直为 ON
2	M8002	程序运行的第一个周期闭合 1 次
3	M8038	通信参数设定标志
4	M8062	通信错误，D8062 保存错误代码
5	M8029	PLSR 脉冲指令发生完标志
6	M8183 ~ M8190	通信出错标志，M8183 对应第 0 号站点（主站），M8184 对应第 1 号站点，依次类推，M8190 对应第 7 号站点

　　汇川 PLC 的通信只要选定通信模式，各个站涉及的通信特殊辅助继电器和数据寄存器就被固定，分配到各个站的软元件是独立的，例如模式 1 中，第 0 号主站要复位 M1064 线圈是无效的，因为 M1064 是 1 号从站的元件；如果 0 号站用了 M0 辅助继电器，1 号站也用了 M0 辅助继电器，因为 M0 在不同的站里，所以两个 PLC 在运行过程中 M0 不参与通信，互不影响。具体的通信特殊辅助继电器和数据寄存器的分配见表 4-12。

表 4-12　N:N 通信模式对应的通信软元件

N∶N 通信模式设置	站点号	软元件	
		位软元件 M	字软元件 D
模式 0 D8178=0 0 个 M 元件 4 个 D 元件	第 0 号	无	D0~D3
	第 1 号	无	D10~D13
	第 2 号	无	D20~D23
	第 3 号	无	D30~D33
	第 4 号	无	D40~D43
	第 5 号	无	D50~D53
	第 6 号	无	D60~D63
	第 7 号	无	D70~D73
模式 1 D8178=1 32 个 M 元件 4 个 D 元件	第 0 号	M1000~M1031	D0~D3
	第 1 号	M1064~M1095	D10~D13
	第 2 号	M1128~M1159	D20~D23
	第 3 号	M1192~M1223	D30~D33
	第 4 号	M1256~M1287	D40~D43
	第 5 号	M1320~M1351	D50~D53
	第 6 号	M1384~M1415	D60~D63
	第 7 号	M1448~M1479	D70~D73

（续）

N：N 通信模式设置	站点号	软元件	
		位软元件 M	字软元件 D
模式 2 D8178=2 64 个 M 元件 8 个 D 元件	第 0 号	M1000~M1063	D0~D7
	第 1 号	M1064~M1127	D10~D17
	第 2 号	M1128~M1191	D20~D27
	第 3 号	M1192~M1255	D30~D37
	第 4 号	M1256~M1319	D40~D47
	第 5 号	M1320~M1383	D50~D57
	第 6 号	M1384~M1447	D60~D67
	第 7 号	M1448~M1511	D70~D77

3. 机器人与流水线的信号连接

由图 4-35 可知 1#PLC 的 I/O 端口已经用完，2#PLC 的输出端口 Y22、Y23 空余，因此采用 2#PLC 发送信号给 FANUC 机器人，让其获得启动信号；但 1#PLC 控制雅马哈机器人进行合格 / 不合格品的分拣，因此当 1#PLC 计算雅马哈机器人搬运了 4 个不合格品后，则通过通信的方式发送信号给 2#PLC，让 2#PLC 的 Y22 端口控制 FANUC 机器人启动。2#PLC 与 FANUC 机器人的接线如图 4-36 所示，2#PLC 通过 KM1 继电器给机器人输入信号。

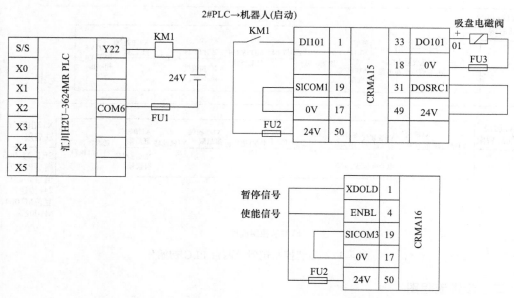

图 4-36　2#PLC 与 FANUC 机器人的信号接线

任务二　2#PLC 灌装模块编程

一、控制逻辑

主站 1#PLC 有触摸屏控制启动和停止，由于 2#PLC 控制灌装，因此根据表 4-12 约定 M1000 作为两个 PLC 启停的标志。M1000 是 1#PLC 的元件，2#PLC 只可用其触点不能操作其线圈。1#PLC 与 2#PLC 的通信设置、初始化以及 2#PLC 控制灌装模块的控制逻辑如图 4-37 所示。

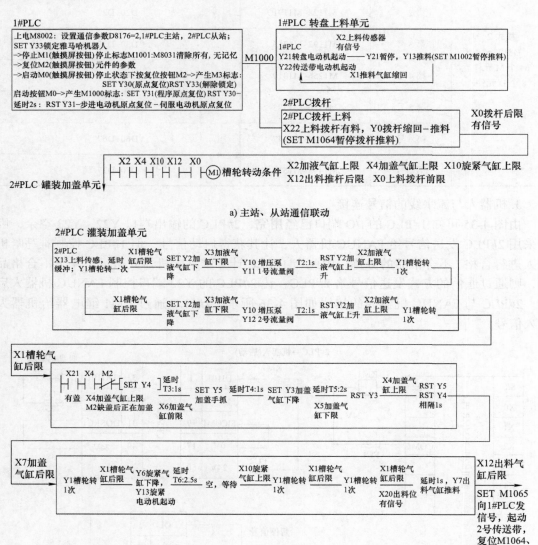

a) 主站、从站通信联动

b) 灌装控制流程

图 4-37　灌装控制逻辑及两台 PLC 初始化

二、步进流程图

根据图 4-37 的流程，采用步进法编程，具体 SFC 如图 4-38 所示。

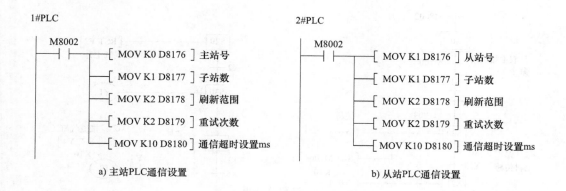

a) 主站PLC通信设置　　　　b) 从站PLC通信设置

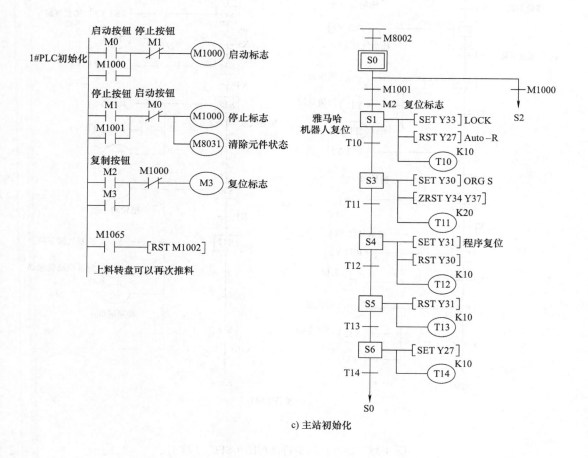

c) 主站初始化

图 4-38　2#PLC 的步进流程图（SFC）

197

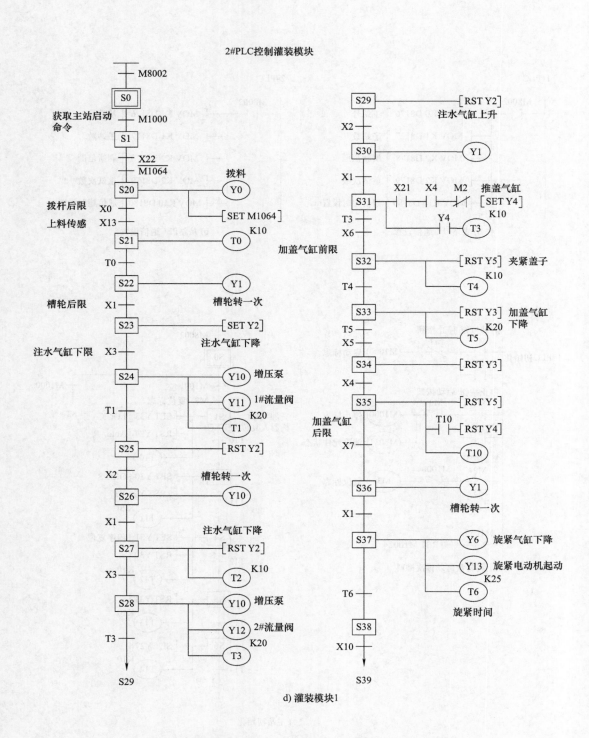

图 4-38 2#PLC 的步进流程图（SFC）（续）

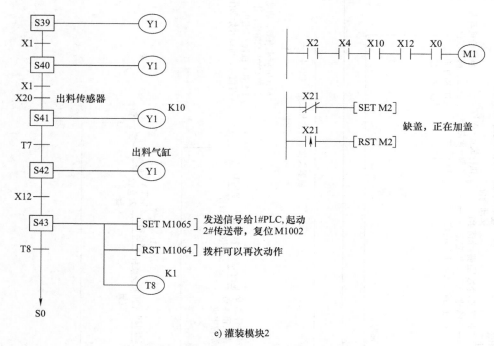

e) 灌装模块2

图 4-38　2#PLC 的步进流程图（SFC）（续）

2#PLC 编程过程主站与从站根据各自的流程图编程，根据联络的特殊辅助继电器 M 进行通信，步进法编程用于可以分成明确步骤的场合，清晰的流程图是保证控制逻辑严密的关键。在进行 MES 模块化设计中，把功能分成完整的模块进行分析是切入点。

任务三　1#PLC 模块化 MPS 编程

1#PLC 负责转盘上料、品质检测、控制雅马哈机器人搬运、合格品入仓、盖章的控制。图 4-39 所示是 1#PLC 的控制流程图。

本项目在原有流水线的基础上进行改造，对应雅马哈机器人可以重新编写其程序，也可以在确保原有程序正确的前提下把其当成一个黑匣子，PLC 只需向其发送信号控制其到指定位置，各个位置的信号是 PLC 编程唯一要考虑的问题。为了让编程过程模块化，把雅马哈机器人搬运合格品和不合格品的控制放到子程序考虑会让主程序思路更清晰，因此设计过程用 P1 子程序处理合格品的搬运，P2 子程序处理不合格品的搬运。

入仓控制装置采用伺服电动机和步进电动机进行 X 方向和 Y 方向的移动，PLC 发脉冲给伺服控制器和步进驱动器实现精确的移动，脉冲量的多少根据现场调试进行确定。发送脉冲的指令采用 32 位脉冲指令 DPLSY，其格式为 [DPLSY 脉冲发生频率（运动快慢）发送的脉冲总个数　发送脉冲的端口]，高速脉冲的发送只能用晶体管输出型 PLC，若采用继电器输出型，PLC 会损坏输出端口 Y。

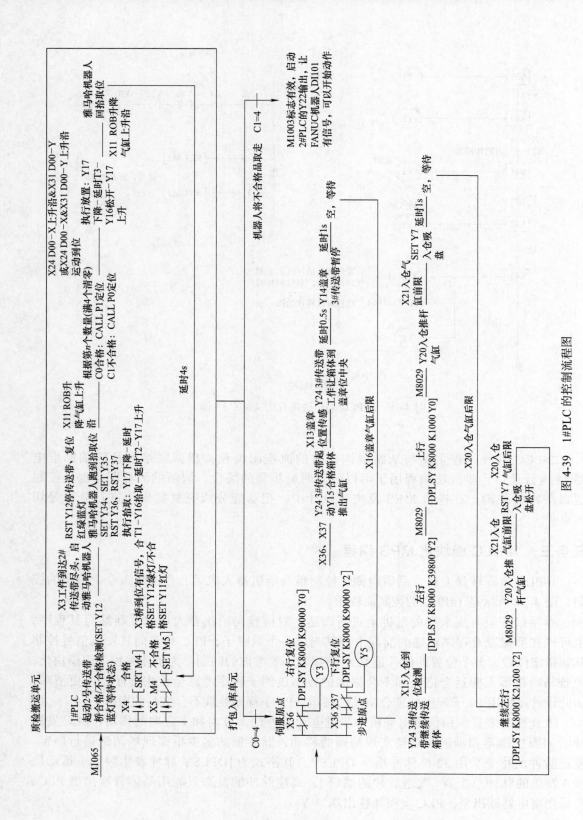

图 4-39　1#PLC 的控制流程图

　　P1、P2 子程序的设计是根据表 4-13 和表 4-14 确定的雅马哈机器人信号端对应的动作进行设计的，子程序表达如图 4-40 所示。

表 4-13　雅马哈机器人功能端与 1#PLC 的接线分配

1#PLC 端口	Y27	Y30	Y31	Y32	Y33	Y34	Y35	Y36	Y37
雅马哈对应接线端口	AUTO-R	ORG-R	RESET		LOCK	DI0	DI1	DI2	DI3
	自动运转启动	原点复位	复位	伺服复位	联锁输入	通用输入0（跑到拾取位置）	通用输入1	通用输入2（放置结束）	通用输入3（回等待位置RST）

表 4-14　雅马哈机器人端子状态与动作位置对应表

产品情况（放置/拾取位置）控制端子 PLC/ROB	Y34	Y35	Y36	Y37
	DI0	DI1	DI2	DI3
	通用输入0（跑到拾取位置）	通用输入1	通用输入2（放置结束）	通用输入3（回等待位置RST）
第1个不合格品	√	√	√	
第2个不合格品				√
第3个不合格品	√			√
第4个不合格品		√		√
第1个合格品		√		
第2个合格品		√	√	
第3个合格品	√		√	
第4个合格品		√		√
拾取点	√	√		

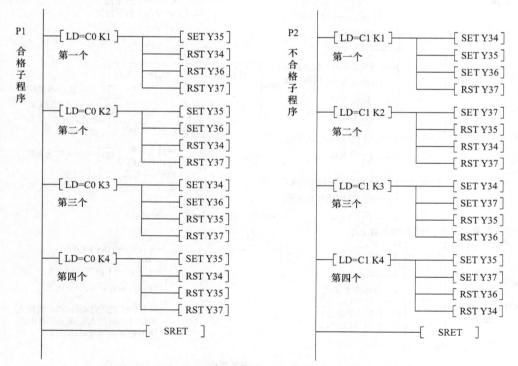

图 4-40　雅马哈机器人处理合格品/不合格品定位子程序

根据图 4-39，绘制具体 SFC 图如图 4-41 所示。在图 4-41 中标出了编程过程涉及 1#PLC 和 2#PLC 在经验区要增加的指令，因此编程过程往往是两个 PLC 的程序同时设计。

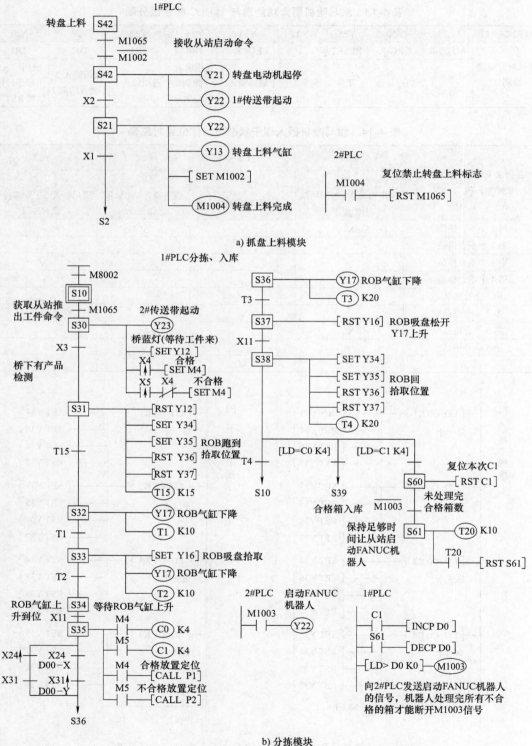

图 4-41   1#PLC 控制 SFC 图

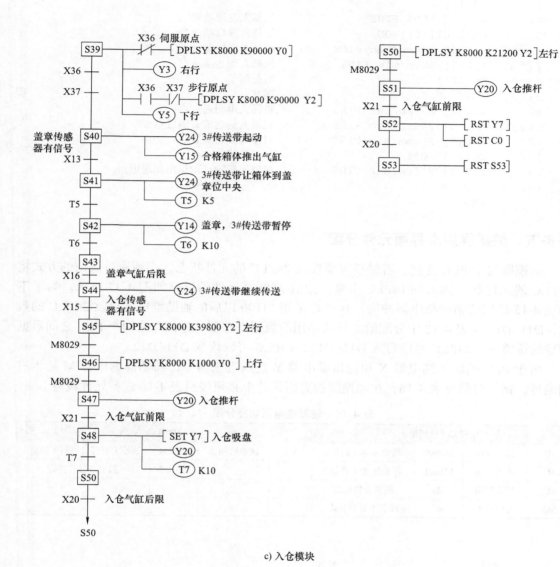

c) 入仓模块

图 4-41　1#PLC 控制 SFC 图（续）

任务四　FANUC 机器人编程

根据图 4-39，FANUC 机器人在确保雅马哈机器人回到拾取位置待机时可以执行不合格品的搬运，由于两个机器人之间没有任何的联络信号，采用 1#PLC 对雅马哈机器人进行开环控制，因此图 4-41b 的 S38 状态的功能是确保雅马哈机器人放置完工件后回到拾取位置，让 FANUC 机器人执行拾取过程不会与其碰撞。FANUC 机器人的程序如下：

```
1 :        UTOOL_NUM=1                    采用工具坐标 1
2 :        UFRAME_NUM=1                   采用用户坐标 1
3 :        LBL[1]
4 :        J P[1] 100% FINE              机器人在原始点
5 :        WAIT DI[101]=ON               等待外部启动命令
6 :        L P[2] 200mm/sec FINE         机器人搬运逼近点
7 :        L P[3] 80cm/min FINE          机器人到达搬运点
8 :        DO[101]=ON                    吸起箱子
9 :        WAIT  0.5sec                  缓冲
10 :       L P[2] 200mm/sec FINE         机器人退回逼近点
11 :       L P[4] 200mm/sec FINE         机器人到达放置逼近点
12 :       L P[5] 200mm/sec FINE         机器人到达放置点
13 :       DO[101]=OFF                   放下箱子
14 :       L P[4] 200mm/sec FINE         机器人焊枪运动退出到逼近点
15 :       JMP LBL[1]
           END
```

任务五　触摸屏组态界面元件分配

触摸屏与 1#PLC 连接，若触摸屏要反映 2#PLC 的元件状态，必须通过通信的方式将 2#PLC 的元件状态读入到 1#PLC 中来，读取 2#PLC 元件的思路如图 4-42 所示。为了不和表 4-15 已用的辅助继电器冲突，1#PLC 采用 M100 以后的辅助继电器接收 2#PLC 的数据，D11~D12 是表 4-12 中分配给 1 号从站用的数据寄存器，它们作为两个 PLC 之间数据传输的桥梁——2#PLC 可以写入 D11~D12，1#PLC 可以读取 D11~D12。

由于 PLC 的输入继电器 X 和输出继电器 Y 是八进制编号，而辅助继电器 M 是十进制编号，错位对照见表 4-16，在触摸屏的界面设计中必须按照表 4-16 进行元件设置。

表 4-15　辅助继电器功能分配

1#PLC（触摸屏）			2#PLC			
M0	启动按钮	M1000	启动标志（通信）	M2	缺盖后加盖	M1064	暂停上料转盘推料（通信）
M1	停止按钮	M1001	停止标志（通信）			M1065	起动 2 号传送带
M2	复位按钮	M4	灌装合格标志				
M3	复位标志	M5	灌装不合格标志				

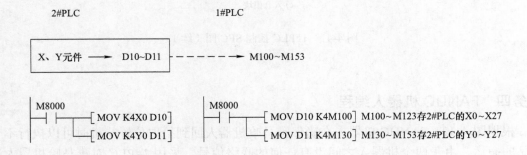

图 4-42　1#PLC 增加读取 2#PLC 的指令

表 4-16　2#PLC 的 X、Y 对应 1#PLC M 的情况

2# PLC	触摸屏 /1#PLC	2# PLC	触摸屏 /1#PLC
X0	M100	Y0	M130
X1	M101	Y1	M131
X2	M102	Y2	M132
X3	M103	Y3	M133
X4	M104	Y4	M134
X5	M105	Y5	M135
X6	M106	Y6	M136
X7	M107	Y7	M137
X8		Y8	
X9		Y9	
X10	M108	Y10	M138
X11	M109	Y11	M139
X12	M110	Y12	M140
X13	M111	Y13	M141
X14	M112	Y14	M142
X15	M113	Y15	M143
X16	M114	Y16	M144
X17	M115	Y17	M145
X18		Y18	
X19		Y19	
X20	M116	Y20	M146
X21	M117	Y21	M147
X22	M118	Y22	M148
X23	M119	Y23	M149
X24	M120	Y24	M150
X25	M121	Y25	M151
X26	M122	Y26	M152
X27	M123	Y27	M153

附 录

附录 A　FANUC 机器人常用系统变量

序号	变量名称	变量功能	变量类型	取值范围
1	$SEMIPOWERFL（停电处理）	热启动是否有效	布尔型 （读写）	TRUE/ FALSE
2	$PARAM_GROUP[group].$SV_OFF_ALL （制动控制）	指定相对用 $SV_OFF_ENB 变量所指定的轴是使全轴同时制动还是各轴分别制动	布尔型 （读写）	TRUE/ FALSE
3	$MASTER_ENB（调校）	是否将位置调整画面显示在示教盒（6 系统 - 位置调整）画面上	长整型 （读写）	I/0
4	$DMR_GRP[group].$MASTER_DONE（调校完成）	显示调校的完成情况	布尔型 （读写）	TRUE/ FALSE
5	$DMR_GRP[group].$MASTER_COUN[i]（调校计数器），i=1~9	在关节坐标下计算零位置的机器人脉冲编码器计数值并存储	整型 （读写）	0~100000000 脉冲
6	$PARAM_GROUP[group].$MASTER_POS[i]（夹具位置调校的夹具位置），i=1~9	设定夹具位置中机器人关节坐标值	实型 （读写）	−100000°~ 100000°
7	$DMR_GRP[group].$REF_DONE（简易调校时参考点的设定完成）	设定简易调校参考点是否设定完成	布尔型 （读写）	TRUE/ FALSE
8	$DMR_GRP[group].$REF_COUNT[i]（参考点位置调校计数值），i=1~9	存储参考点位置中的脉冲编码器计数值	整型 （读写）	0~100000000 脉冲
9	$DMR_GRP[group].$ REF_COUNT[i]（简易调校的参考点位置），i=1~9	存储简易调校的参考点位置	实型 （读写）	−100000°~ 100000°

（续）

序号	变量名称	变量功能	变量类型	取值范围
10	$MOR_GRP[group].$CAL_DONE（位置调整 / 校正完成）	位置校正 / 校正是否完成	布尔型（读写）	TRUE/ FALSE
11	$MNUFRAMENUM[group]（用户坐标系编号）	设定当前有效的用户坐标系编号，0：世界坐标系；1~9：用户坐标系	字节型（读写）	0~9
12	$MNUFAME[group，i]（用户坐标系），i=1~9	设定用户坐标系的笛卡儿坐标值（XYZWPR）	坐标系（读写）	
13	$MNUFRAMENUM[group]（用户坐标系编号）	设定当前有效的用户坐标系编号，0：机械接口坐标系；1~9：工具坐标系	字节型（读写）	0~9
14	$MNUTOOL[group，i]（工具坐标系），i=1~9	设定工具坐标系的笛卡儿坐标值	坐标系（读写）	
15	$JOG_GROUP[group].$JOG_FRAME（JOG 坐标系）	设定 JOG（手动）坐标系的笛卡儿坐标值	坐标系（读写）	
16	$SCR_GRP[group].$AXISORDER[i]（电动机设定），i=1~9（轴顺序）	定义轴顺序，根据伺服电动机的物理编号定义为软件上关节轴的逻辑编号	字节型（读写）	0~16
17	$SCR_GRP[group].$ROTARY_ASX[i]（轴的种类），i=1~9	设定机器人关节轴是旋转轴（TRUE）还是直动轴（FALSE）	布尔型（读写）	TRUE/ FALSE
18	$PARAM_GROUP[group].$MOSIGN[i]（轴旋转方向），i=1~9	设定在电动机正转时，机器人在机构上的移动方向（TRUE：正向移动，FALSE：负向移动）	布尔型（读写）	TRUE/ FALSE
19	$PARAM_GROUP[group].$ENCSCAL-ES[i]（脉冲编码器单位），i=1~9	设定脉冲编码器在机器人关节轴转 1°或沿关节轴移动 1mm 时的几何脉冲量	实型（读写）	−100000°~ 100000°
20	$PARAM_GROUP[group].$MOT_SPD_LIM[i]（电动机最高速度），i=1~9	设定伺服电动机的最高旋转速度	整型（读写）	0~100000 r/min

（续）

序号	变量名称	变量功能	变量类型	取值范围
21	$SHFTOV_ENB（位移倍率的使能）	位移倍率是否有效，1：有效；0：无效	无符号长整型（读写）	0/1
22	$MCR.$GENOVERRIDE（速度倍率）	设定机器人的动作速度倍率	整型（读写）	0~100%
23	$MCR.GRP[group].$PRGOVERRIDE（程序倍率）	设定程序再生时机器人动作速度倍率	整型（读写）	0~100%
24	$SCR.$JOGLIM（笛卡儿 / 工具手动倍率）	指定在笛卡儿 / 工作坐标系手动进给下，使机器人以直线方式手动进给时的最高速度倍率	整型（只读）	0~100%
25	$SCR.$JOGLIMROT（机械手姿态手动倍率）	指定在笛卡儿 / 工作坐标系手动进给下，使机器人绕 X、Y、Z 轴手动旋转进给时的最高速度倍率	整型（只读）	0~100%
26	$SCR_GRP[group].$JOGLIM_JNT[i]（关节手动倍率），i=1~9	设定各关节手动进给时的速度倍率	整型（只读）	0~100%
27	$SCR.$COLDOVRD（冷启动时的最高速度倍率）	冷启动结束后的速度倍率设定值	整型（只读）	0~100%
28	$SCR.$COORDOVRD（手动进给坐标切换时的最高速度倍率）	在切换手动进给坐标系时，速度倍率设定在该值以下	整型（只读）	0~100%
29	$SCR.$TPENBLEOVRD（示教盒有效切换时的最高速度倍率）	将示教盒切换至有效时，速度倍率设定在该值以下	整型（只读）	0~100%
30	$SCR.$JOGOVLIM（手动进给时的最高速度倍率）	手动进给时，速度倍率设定在该值以下	整型（只读）	0~100%
31	$SCR.$RUNOVLIM（程序执行时的最高速度倍率）	程序执行时，速度倍率设定在该值以下	整型（只读）	0~100%
32	$SCR.$FENCEOVRD（安全栅栏开启时的最高速度倍率）	*SFSPD 输入断开时，速度倍率设定在该值以下	整型（只读）	0~100%

（续）

序号	变量名称	变量功能	变量类型	取值范围
33	$SCR.$SFJOGOVLIM（安全栅栏开启时的手动进给最高速度倍率）	*SFSPD 输入断开时，手动速度倍率设定在该值以下	整型（只读）	0~100%
34	$SCR.$SFRUNOVLIM（安全栅栏开启时的执行最高速度倍率）	*SFSPD 输入断开时，程序执行的速度倍率设定在该值以下	整型（只读）	0~100%
35	$SCR.$RECOV_OVED（安全栅栏关闭时的速度倍率恢复功能）	*SFSPD 输入接通时，是否使速度倍率恢复为原先值	布尔型（读写）	TRUE/FALSE
36	$PARAM_GROUP[group].$JNTVE（最高关节速度），i=1~9	设定机器人关节的最高轴运动速度	实型（读写）	0~100000（°）/s
37	$PARAM_GROUP[group].$SPEEDLIM（直线最高速度）	设定轨迹运动（直线、圆弧）时的最高速度	实型（读写）	0~3000 mm/s
38	$PARAM_GROUP[group].$ROTSPEE-DLIM（旋转最高速度）	设定机器人姿态控制中最高旋转速度	实型（读写）	0~1440（°）/s
39	$PARAM_GROUP[group].$LOWERLI-MS[i]（轴最小可动范围）i=1~9	设定机器人关节可动范围下限值（负向）	实型（读写）	−100000°~100000°
40	$PARAM_GROUP[group].$UPPERLIMS[i]（轴最大可动范围）i=1~9	设定机器人关节可动范围上限值（正向）	实型（读写）	−100000°~100000°
41	$GROUP [group].$PAYLOAD（负载重量）	设定负载在运转中发生变化的最大值	实型（读写）	0~10000kgf[①]
42	$PARAM_GROUP[group].$PAYLOAD（负载重量）	设定负载在运转中发生变化的最大值	实型（读写）	0~10000kgf
43	$PARAM_GROUP[group].$PAYLOAD_*（负载重心距离），* 为 X、Y 或 Z	相对于机械接口坐标负载重心的位置值	实型（读写）	−100000~100000cm
44	$PARAM_GROUP[group].$PAYLOAD_*（负载重量惯量值），* 为 IX、IY 或 IZ	机械接口坐标下 X 轴、Y 轴或 Z 轴周围负载的惯量值	实型（读写）	0~10000 kg·cm²

（续）

序号	变量名称	变量功能	变量类型	取值范围
45	$PARAM_GROUP[group].$AXISINER-TIA[i]（负载重量惯量值），i=1~9	第 1~3 轴系统自动设定；第 4~6 轴需计算设定	短整型（读写）	0~32767 kgf·cm·s²
46	$PARAM_GROUP[group].$AXISMOM-ENT[i]（各轴力矩值），i=1~9	第 1~3 轴系统自动设定；第 4~6 轴需计算设定	短整型（读写）	0~32767 kgf·m
47	$PARAM_GROUP[group].$AXIS_IM_SCL（惯量、力矩调整用数值）	用关节惯量、力矩值设定小数数值	短整型（读写）	0~32767
48	$PARAM_GROUP[group].$ARMLOAD[i]（设备重量），i=1~3	在机器人轴上设置焊接装置时，设定负载重量	实型（读写）	0~10000kgf
49	$DEFPULSE（DO 输出脉冲宽度）	指定 DO 输出信号的脉冲宽度	短整型（读写）	0~255 100ms
50	$RMT_MASTER（遥控装置）	设定机器人启动的遥控装置。0：外围设备；1：CRT/KB;2：主计算机；3：无遥控装置	整型（读写）	0~3
51	$ER_NOHIS（删除警告履历）	0：功能无效；1:不将 WARN 报警、NONE 报警记录在履历中；2：不将复位记录在履历中；3：不将复位、WARN 报警、NONE 报警记录在履历中	字节型（读写）	0~3
52	$ER_NO_ALM.$NOALMENBLE（报警非输出功能）	有效时用 $NOALM_NUM 指定的报警不点亮 LED	字节型（读写）	0/1
53	$ER_NO_ALM.$NOALM_NUM（非输出报警数）	设定非输出报警数	字节型（读写）	0~10
54	$ER_NO_ALM.$ER_CODE*（非输出报警），* 取值 1~10	设定非输出报警，前两位表示报警 ID，后三位表示报警编号	整型（读写）	0~100000
55	$ER_OUT_PUT.$OUT_NUM（错误代码输出的 DO 开始编号）	指定错误代码输出的 DO 开始编号；指定为 0 时，错误代码输出无效	长整型（读写）	0~512

（续）

序号	变量名称	变量功能	变量类型	取值范围
56	$ER_OUTPUT.$IN_NUM（错误代码输出请求 DI 编号）	接通时，将向 $OUT_NUM 所指定的 DO 输出错误代码	长整型（读写）	0~512
57	$UALRM_SEV[i]（用户警报重要程度），i 为用户报警号	设定用户报警的重要程度。0：WARN;6:STOP.L;38:STOP.G;11:ABORT. L;43:ABORT.G	字节型（读写）	0~255
58	$JOG_GROUP.$FINE_DIST（直线手动步进的移动量）	指定在笛卡儿 / 工具坐标系下手动直线步进时 FINE 下的移动量	实型（读写）	0.0~1.0mm
59	$SCR.FINE_PCNT（关节 / 姿态旋转手动步进移动量）	指定在笛卡儿 / 工具坐标系下姿态旋转中手动步进的移动量	整型（读写）	1%~100%
60	$OPWRK.$UOP_DISABLE（外围设备输入信号的使能）	指定外围设备输入信号有效 / 无效	字节型（读写）	0/1
61	$SCR.$RESETINVERT（复位信号检测）	指定是在信号上升沿还是下降沿进行 FAULT_RESET 信号检测	布尔型（读写）	TRUE/ FALSE
62	$PARAM_GROUP.$PPABN_ENBL（气压异常信号检测）	指定是否进行气压异常检测。TRUE：检测 *PPABN 信号输入；FALSE：忽略	布尔型（读写）	TRUE/ FALSE
63	$PARAM_GROUP.$BELT_ENBLE（传送带断裂信号检测）	指定是否进行传送带断裂信号 RI[i] 的检测	布尔型（读写）	TRUE/ FALSE
64	$ODRDSP_ENB（软件配置文件显示 / 隐藏）	指定是否在示教盒画面上显示系统软件配置	长整型（读写）	1/0
65	$SFLT_ERRTYP（超过跟踪处理时间的报警类型）	指定在超过软浮功能的跟踪处理时间时发出的报警处理类型	整型（读写）	1~10
66	$SFLT_DISFUP（跟踪处理执行使能）	指定是否在程序动作指令开始时执行软浮动功能的跟踪处理	布尔型（读写）	TRUE/ FALSE
67	$RGSPD_PREXE（寄存器速度预读使能）	指定动作语句移动速度为寄存器指令时，执行动作语句的预读处理是否有效	布尔型（只读）	TRUE/ FALSE

① 1kgf=9.8N。

附录 B　系统配置项详细说明

序号	配置项	功能说明
1	Use HOT START（停电处理）	将停电处理置于有效（TRUE）时，通电时执行停电处理（热启动）。标准设置为无效（FALSE）
2	I/O Power fail recovery（停电处理中的 I/O）	指定停电处理有效（TRUE）时的 I/O 恢复，分为 4 种情况：① NOT RECOVER（不予恢复 I/O）；② RECOVER SIM（恢复仿真状态）；③ UMSIMULATE（通过停电处理恢复 I/O 的输出状态，仿真状态全被解除）；④ ECOVER ALL（通过停电处理恢复 I/O）
3	Autoexec program for Cold start（停电处理无效时的自动启动程序）	设置在停电处理有效（或无效）情况下通电时自动启动的程序名。执行前面通电后所指定的程序
4	Autoexec program for Hot start（停电处理有效时的自动启动程序）	
5	HOT START done signal（停电处理确认信号）	指定在进行通电处理情况下通电时将被输出的数字信号（DO），若设为 0，本功能无效
6	Restore selected program（所选程序的调用）	指定在进行通电后是否选择电源断开时所选择的程序，标准设定为 TRUE
7	Enable UI signals（专用外部信号使能）	进行专用外部信号有效、无效切换，若将其设为 FALSE，将忽略外围设备输入信号（UI），标准设定为 TRUE
8	START for CONTINUE only（再启动专用）	将再启动专用（外部启动 UI[6]）设定有效时，外部启动信号只启动处在暂停状态下的程序
9	CSTOPI for ABORT（CSTOPI 下载程序强制启动）	CSTOPI（循环停止 UI[4]）下程序强制结束设为有效时，CSTOPI 输入时立即强制结束当前执行中的程序
10	Abort all programs by CSTOPI（CSTOPI 程序全部结束）	在多任务环境下，指定是否通过 CSTOPI 信号来强制结束全部程序。标准设定为 FALSE，CSTOPI 输入信号仅强制结束当前所选程序
11	PROD_START depend on PNSTROBE（确认信号格式 PROD_START）	将带有确认信号的 PROD_START 置于有效（TRUE）时，PROD_START（自动运行 UI[18]）输入只有在 PNSTROBE 处在 ON 时才有效

（续）

序号	配置项	功能说明
12	Detect FAULT_RESET signal（复位信号检测）	指定是在信号的上升沿还是下降沿检测位信号，标准设定为检测下降沿（FALL）
13	Use PPABN signal（气压异常检测）	对每一运动组指定气压异常（*PPABN）检测的有效 / 无效，标准设定为无效
14	WAIT timeout（待命指令超时时间）	待命指令（WAIT）超时时间，标准设定为 30s
15	RECEIVE timeout（接收指令超时时间）	接收指令超时时间，设定寄存器接收指令（RCV）中使用的限制时间
16	Return to top of program（程序结束后反绕）	指定程序结束后是否将光标指向程序的开始，标准设定为 TRUE
17	Original program name（程序名的登录字）	指定创建画面软件（F1~F5）所显示的 1 字，为设定程序名提供方便
18	Default logical command（标准指令的设置）	光标指向标准指令设定状态下按"确认"键，可进入标准指令功能键的设定画面
19	Maximum of ACC instruction（加减速倍率指令上限值）	指定加减速倍率的上限值，标准设定为 150
20	Minimum of ACC instruction（加减速倍率指令下限值）	指定加减速倍率指令所指定倍率的下限值，标准设定为 0
21	WJNT for default motion（无标准动作姿态统一变更）	将 WJNT 动作附加指令统一追加（或删除）到直线或圆弧标准动作指令中
22	Auto display of alarm menu（报警画面自动显示）	设定报警画面的自动显示功能，标准设定为 FALSE
23	Force Message（消息自动画面切换）	在程序中执行消息指令的情况下，设定是否自动显示用户画面
24	Reset CHAIN FAILURE detection（链条异常检测复位）	发生伺服 230、231 报警时解除报警
25	Allow Force I/O in AUTO mode（AUTO 方式下的信号设定）	在 AUTO 方式下是否通过示教盒设定 I/O 信号，标准设定为 TRUE

（续）

序号	配置项	功能说明
26	Allow chg.ovrd.in AUTO mode（AUTO 方式下的速度改变）	在 AUTO 方式下是否通过示教盒改变倍率，标准设定为 TRUE
27	Signal to set in AUTO mode（AUTO 方式信号）	三方式开关将处于 AYTO 时，指定输出点（DO）接通。设定为 0 时，本功能无效
28	Signal to set in T1 mode（T1 方式信号）	三方式开关将处于 T1 时，指定输出点（DO）接通。设定为 0 时，本功能无效
29	Signal to set in T2 mode（T2 方式信号）	三方式开关将处于 T2 时，指定输出点（DO）接通。设定为 0 时，本功能无效
30	Signal to set if E-STOP（急停输出信号）	执行机急停（示教盒急停、操作面板急停）时，制定的输出点（DO）接通。设定为 0 时，本功能无效
31	Hand broken（机械手断裂）	设定机械手断裂检测的有效 / 无效，标准设定为 FALSE
32	Remote/Local setup（遥控 / 本地设定）	有 4 种选择：① Remote, 遥控方式；② Local, 本地方式；③ Ex-ternal I/O, 在下一行指令外部信号；④ OP panel key，不能在 R-30iA 控制装置上选择
33	External I/O（ON:Remote）（指定使用的外部信号）	上一选项选择"External I/O"时，本选项指令使用的外部信号（DI、DO、RI、RO、UI、UO）
34	Set if INPUT SIMULATED（输入仿真状态信号）	监视是否存在被设定为仿真状态的输入信号，并向输出信号输出
35	Sim.Input Wait Delay（仿真输入等待时间）	设定在仿真跳过功能有效时，待命指令超时之前的时间
36	Set if Sim.Skip Enabled（仿真跳过有效时的设定）	监视是否存在仿真跳过功能被设定为有效输入信号，并作为输出信号
37	Set if OVERRIDE=100（倍率 100 时的输出信号）	在倍率 100% 时设定信号输出为 ON
38	Multi Program Selection（多个程序选择）	设定在单任务与多任务之间切换程序选择方式，默认设定为无效

附录 C　MENU 菜单的子菜单——以焊接为例

序号	二级菜单	三级菜单	序号	二级菜单	三级菜单
1	实用工具	声明	13	设置	焊接系统
		焊接微调整			焊接设备
		程序调整			选择程序
		程序偏移			常规
		镜像偏移			碰撞检测
		工具偏移			坐标系
		坐标系偏移			宏
		角度输入偏移			参考位置
		组交换			端口设定
2	试运行	弧焊			DI 速度选择
		设置			用户报警
3	手动操作				报警严重度
4	报警	报警日志			iPendant 设置
		动作日志			恢复运行时偏移
		系统日志			恢复运行容差
		应用日志			摆焊
		密码日志			防止干涉区域
		通信日志			故障诊断设定
5	I/O	焊接			主机通信
		单元接口			密码
		焊接外部 DO	14	数据	焊接程序
		自定义			数据寄存器
		数字			位置寄存器
		模拟			字符串寄存器
		组			KAREL 变量
		机器人			KAREL 位置变量
		UOP			摆焊设定
		SOP	15	状态	摆焊
		DI->DO 互连			弧焊图标
		I/O 连接设备			焊丝
		标志			轴
6	文件	文件			版本 ID
		文件存储器			停止信号
		自动备份			执行历史记录
7	用户				存储器
8	一览				系统计时器
9	编辑				状态监测
10	4D 图形	4D 显示			程序
		位置显示			通知
11	用户 2		16	系统	时间
12	浏览器	浏览器			变量
		Panel Step			超行程解除
					轴动作范围
					配置

附录 D　FANUC 机器人示教器常见报错及其处理思路

故障名称	排除思路
SRVO-001 按下操作面板的急停	松开机柜的急停按钮、急停回路是否断线
SRVO-002 按下示教器的急停	松开示教器的急停按钮
SRVO-003 安全开关异常	使能开关未按到位、按使能开关用力过度
SRVO-004 自动运行时安全信号断开	自动运行时按下急停按钮、安全门链断开
SRVO-037 IMSTP 输入	外围急停信号输入
SRVO-038（Group：i　Axis：j）脉冲编码器数据丢失	更换编码器时数据丢失、系统恢复
SRVO-047 伺服器电源电压异常	伺服放大器电源模块是否损坏
SRVO-062 伺服编码器后备电池异常	更换机座电池时不在通电状态出现数据丢失、机座电池电压耗尽
SRVO-075 未确定脉冲编码器位置	脉冲编码器数据丢失，要进行零点复归
SRVO-213 急停板熔丝熔断	排除短路原因后更换熔丝
SRVO-214 伺服放大器熔丝熔断	排除短路原因后更换熔丝

附录 E　配套微课清单

序号	名称	序号	名称
1	机器人工作案例——打磨工作站	16	流水线工作站两 PLC 互通
2	直线指令	17	流水线工作站各模块功能
3	直线指令画三角形	18	中英文语言切换
4	圆指令使用	19	机器人的安全信号
5	OFFSET 指令	20	安全速度设置方法
6	PR 指令的使用	21	电池更换
7	坐标系	22	机器人熔断器类型与更换
8	Mate 板信号设置	23	控制启动模式下的备份和还原
9	激光焊接工作站设置	24	一般模式下的备份和还原
10	激光焊接编程	25	boot monitor 模式下的备份和还原
11	氩弧焊钨针	26	焊接参数设置
12	氩弧焊焊接	27	信号仿真
13	码垛	28	信号互连
14	拆垛	29	信号配置
15	冲床冲压集成工作站	30	机器人开 / 关机过程

参 考 文 献

[1] 张爱红 . 工业机器人操作与编程技术（FANUC）[M]. 北京：机械工业出版社 .2017.

[2] 张明文 . 工业机器人入门实用教程（FANUC 机器人）[M]. 哈尔滨：哈尔滨工业大学出版社，2017.

[3] 林肯电气有限公司 .INVERTEC V205/V270/V405 操作手册 [Z].2005.